■ 阅读滋养人生

读名家，品经典，助力成长

专家审定委员会

爱上一座城

林徽因——著

中国纺织出版社

内 容 提 要

《爱上一座城》是林徽因的建筑学论著，收录了《论中国建筑之几个特征》《北京——都市计划的无比杰作》《中国建筑发展的历史阶段》等学术文章，着重介绍了中国建筑的特征。这些学术文章深入浅出、科学严谨，为中国古代建筑研究奠定了坚实的科学基础。

图书在版编目（CIP）数据

爱上一座城 / 林徽因著. -- 北京 : 中国纺织出版社, 2020.12
（林徽因文集）
ISBN 978-7-5180-3634-9

Ⅰ.①爱… Ⅱ.①林… Ⅲ.①建筑学—文集 Ⅳ.①TU-53

中国版本图书馆CIP数据核字(2017)第129567号

责任编辑：汤　浩　责任校对：高　涵　责任印制：储志伟

中国纺织出版社出版发行
地址：北京市朝阳区百子湾东里A407号楼　邮政编码：100124
销售电话：010—67004422　传真：010—87155801
http://www.c-textilep.com
官方微博 http://weibo.com/2119887771
北京通天印刷有限责任公司印刷　各地新华书店经销
2020年12月第1版第1次印刷
开本：910×1280　1/16　印张：15
字数：182千字　定价：29.80元

名著阅读规划方案

阅读名著是同学们汲取知识、提升能力和素质的重要途径。如何安排阅读才能使同学们获益最多？在此，我们为同学们制订了一套科学合理的名著阅读方案，帮助同学们实现有价值的阅读，通过阅读提高自己的文学素养，丰富自己的精神世界。

阅读阶段	阅读群体	阅读要求	推荐书目	推荐理由
第一阶段	1～2年级学生	阅读浅显的童谣、儿歌、童话、寓言、故事等，培养阅读兴趣，能流畅阅读	《和大人一起读》《读读童谣和儿歌》《孤独的小螃蟹》《一只想飞的猫》《“歪脑袋”木头桩》《小狗的小房子》《小鲤鱼跳龙门》《神笔马良》《七色花》《愿望的实现》……	内容浅显，注重快乐阅读，符合低龄学生阅读的特点
第二阶段	3～4年级学生	养成读书习惯，能理解作品大意，与同学交流图书资料	《安徒生童话》《格林童话》《稻草人》《中国古代寓言》《伊索寓言》《中国神话传说》《看看我们的地球》《灰尘的旅行》《人类起源的演化过程》……	学生不需要有专业知识就能理解作品大意，并学到新知识
第三阶段	5～6年级学生	增加阅读的复杂性，探究性阅读，能够鉴赏文学作品	《中国民间故事》《欧洲民间故事》《西游记》《红楼梦》《三国演义》《水浒传》《小英雄雨来》《爱的教育》《鲁滨孙漂流记》《汤姆·索亚历险记》……	作品内容相对来说比较深刻，有益于学生提高思考能力
第四阶段	7～9年级学生	广泛阅读各种名著，能通过名著认识社会、人生，提升自我素质，学以致用，举一反三	《朝花夕拾》《白洋淀纪事》《湘行散记》《猎人笔记》《给青年的十二封信》《艾青诗选文集》《昆虫记》《钢铁是怎样炼成的》《泰戈尔诗选》《简·爱》《我是猫》……	作品所反映的内容与现实密切相关，可以满足学生对社会、人生的探索。作品所体现的美好品质对学生的成长有着激励作用

阅读指南

名师导读

开宗明义，激发读者阅读兴趣，引导读者继续阅读。

词语在线

阐释作品中的疑难字词，扫除读者的阅读障碍。

名师点评

点评重点语句，疏通读者理解障碍。

论中国建筑之几个特征

大多数建筑在悠久的历史长河中，受到外来因素的影响后，其结构、布置和外观都会发生根本性的变化……

词语在线

画蛇添足：蛇本来没有脚，画蛇添上脚(见于《战国策·齐策二》)。比喻做多余的事，反而不恰当。

二，人工创造和天然趋势调和至某程度，便是美术的基本，设施雕饰于必需的结构部分，是锦上添花；勉强结构纯为装饰部分，是画蛇添足，足为美术之玷。

中国建筑的美观方面，现时可以说，已被一般人无条件的承认了。但是这建筑的优点，绝不是在那浅现的色彩和雕饰，或特殊之式样上面，却是深藏在那基本的，产生这美观的结构原则里，及中国人的绝对了解控制雕饰的原理上。我们如果要赞扬我们本国光荣的建筑艺术，则应该就他的结构原则，和基本技艺设施方面稍事探讨；不宜只是一味的，不负责任，用极抽象，或肤浅的诗意美谀，披挂在任何外表形式上，学那英国绅士骆斯肯（Ruskin）对高矗式（Gothic）建筑，起劲的唱些高调。

名师点评

作者认为，中国建筑虽然具有美的价值，但其优点却不止于美；赞美中国建筑，要从深层次的技艺和结构下手，不能一味夸耀其形式。作者的看法是客观的、准确的。

建筑艺术是个在极酷刻的物理限制之下，老实的创作。人类由使两根直柱架一根横楣，而能稳立在地平上起，至建成重楼层塔一类作品，其间辛苦艰难的展进，一部分是工程科学的

爱上一座城

品读赏析

这是作者第一篇关于中国建筑的论述。论文中，作者以西方近现代建筑的结构理性主义为理论基础，论证了中国建筑的历史演变脉络，与现代建筑的关联，以及在现代复兴的可能性，肯定了中国建筑在世界建筑……

写作积累

泰然　矫揉造作　锦上添花　画蛇添足　尽善尽美

·人工创造和天然趋势调和至某程度，便是美术的基本，设施雕饰于必需的结构部分，是锦上添花；勉强结构纯为装饰部分，是画蛇添足，足为美术之玷。

思考练习

1. 为什么有人认为中国建筑简陋无发展、低劣幼稚？
2. 中国建筑都有哪些特征？

延伸阅读

女文学家——林徽因

在20世纪上半叶，中国文学界出现了很多才女，如林徽因、陆小曼、冰心等，而林徽因无疑是最耀眼的。她在中国现代史上是享有盛誉的一代才女，著名文学家胡适称其为“民国第一才女”。林徽因出身书香世家，自幼受中国传统文化的熏陶，长大后又接受了……

品读赏析

鉴赏作品，解析重点内容，提升读者的阅读能力和思悟能力。

写作积累

荟萃文中的优美辞藻、锦言妙语，帮助读者积累词汇，提高鉴赏能力和写作能力。

思考练习

根据内容提问题，加强读者对文中内容的记忆与理解。

延伸阅读

衔接相关知识，让读者拓宽视野，储备更多知识。

经典名著品读要点

经典名著是人类文化史上一道永恒的风景线。品读经典，与经典同行，和文学巨匠来一次心灵的碰撞，让自己的灵魂接受一次全新的洗礼，相信你会有一个绚丽的人生。对同学们而言，品读名著尤为重要。那么，怎样用经典名著使同学们获得滋养呢？

培养兴趣

对学习材料的兴趣是学习的最大动力。为培养同学们的阅读兴趣，我们在书中的每一章节前均设置了“名师导读”板块，简单介绍章节内容，巧妙提出相关问题，吸引同学们继续阅读。另外，本书配以精美插画，生动的画面能够激发同学们的阅读兴趣。

增长见识

名著是人类智慧的结晶，是知识的源泉。为使同学们开拓视野，增加知识储备，更好地理解名著的意蕴，我们在书中设置了“阅读速递”“延伸阅读”等栏目。

启迪心智

任何一部名著都蕴含着深刻的哲理，给人以启迪，或教育人奋发图强，或教育人永不言败，或教育人韬光养晦，或教育人懂得感恩……书中通过“品读赏析”栏目概述作品内涵，向同学们传达成长智慧，启迪心智。

经典名著就是一个精彩绝伦的世界，在这个世界里畅想遨游、探幽寻秘，将受益一生。我们针对同学们的阅读特点来引导其自主阅读，使其敞开心扉，尽情领略经典作品的独特魅力，提升自我，充实自我。

经典名著阅读攻略

读书亦是一门学问，讲求方法和原则。为使同学们能科学读书、有效读书，我们提供了以下几个行之有效的阅读方法。

1 **泛读**

泛读即广泛阅读，指读书的面要广，要广泛涉猎各方面知识。古人云："读书破万卷，下笔如有神。""读万卷书，行万里路。"多读书，尤其是多读名著，有益于开阔视野，充实自我。

2 **速读**

速读即快速阅读，指对作品迅速浏览一遍，以掌握其全貌。古语云："五更三点待漏，一目十行读书。"运用速读法读书，可以加快阅读速度，扩大阅读量。

3 **跳读**

跳读即略读，指读书时把不重要的内容放在一边，选择主要部分进行阅读。有时读书遇到疑难问题无法解惑时，也可以跳过去继续往下读，便可前后贯通。东晋大诗人陶渊明曾说："好读书，不求甚解；每有会意，便欣然忘食。"

4 **精读**

精读即细读，指深入细致地研读。精读要求读书时精心研究，细细咀嚼，抓住书中的精华。唐代文学大家韩愈有句名言："记事者必提其要，纂言者必钩其玄。"读书如能做到"提要钩玄"，则基本掌握了书的大意。

5 **善思**

读死书是没有用的，要知道怎样用眼睛去观察，用脑子去思考才行。读书贵在思索。只有把学与思结合起来，才能真正领会书中的要义。

6 **活用**

读书要懂得举一反三，学以致用。南宋学者陈善读书提倡"出入法"，即读书既要读进书中去，又要从书中跳出来。倘若读书不能跳出书本，不能学以致用，就会成为彻头彻尾的书呆子。

序言

歌德曾说："读一本好书，就是和一位高尚的人谈话。"世界文学名著是人类文化的精华，是文学巨匠、思想巨擘的智慧结晶，是我们生命中不可或缺的精神食粮。

名著犹如一面镜子，既能照出人的本质，又能照出世间的美丑。名著根源于现实生活，名著中的人就是对现实中的人的再塑造，名著中描摹的人性的善恶美丑就是对现实中人性的真实反映，名著中建构的世界就是真实世界的缩影。因此我们阅读名著，要在名著中阅读自己、阅读世界。走进名著，尽情阅读吧！它会使你发现自己，辨识自己身上的优点、缺点，摆脱平庸与狭隘，使自己的人格得到升华；它会使你练就一双智慧之眼，分清是非，辨别美丑，学会用正确的眼光看待大千世界；它会培养你的审美观，充实你的思想，使你成为一个通情达理、个性健康、感情充沛、情趣高尚的人。

中小学生正处于身心发展阶段，尤其需要名著的滋养。为此，我们根据中小学生的学习和认知特点，从叱咤中外文坛难以计数的文学作品中采撷精华，编选了这套丛书。此套丛书包括小说、诗歌、散文等多种体裁的作品，这些作品或是指引时代的航标，或是传承千年的箴言，或是激荡人心的妙笔，春风细雨般滋润着每一个小读者的心田。另外，我们精心设置了名师导读、名师点评、词语在线等栏目，以此为同学们搭建一架通往文学世界的桥梁，使之感受经典名著不朽的艺术魅力。

忽必烈

作品概述

《爱上一座城》辑录了林徽因论述建筑的十篇论文，包括《论中国建筑之几个特征》《平郊建筑杂录》《闲谈关于古代建筑的一点消息》《现代住宅设计的参考》《北京——都市计划的无比杰作》《谈北京的几个文物建筑》《达·芬奇——具有伟大远见的建筑工程师》《我们的首都》《祖国的建筑传统与当前的建设问题》和《中国建筑发展的历史阶段》。

《论中国建筑之几个特征》主要讲了中国建筑的基本特征、美之所在和发展脉络。《平郊建筑杂录》以小标题形式描写了考察的重点内容：卧佛寺的平面，法海寺门与原先的居庸关，杏子口的三个石佛龛。《闲谈关于古代建筑的一点消息》从古代艺术和民族的角度出发，阐述了二者之间的关系，从而引出了关于著名古建筑——山西应县的辽代木塔的一点消息。文后附有梁思成写给林徽因的四封信，从中可以看出这座古塔的不平凡。《现代住宅设计的参考》主要以美国印第安那州福特魏茵城五十所低租住宅和英国伯明罕市的住宅调查为例，列举了这些城市在城市规划、住宅设计上的种种与民生脱节的现象，并就此提出了自己的观点——建筑要以民为本。《北京——都市计划的无比杰作》从选址、历史上的四次改建、水源、城市格式、交通系统和街道系统、土地使用、整体计划性等角度剖析北京的特点，最后提出建设和保护北京需要遵守的原则——“古今兼顾，新旧两利”。《谈北京的几个文物建筑》主要介绍了一些相对不为人们熟知的、不著名的文物建筑。《达·芬奇——具有伟大远见的建筑工程师》主要介绍了达·芬奇在建筑方面的杰出才华和伟大贡献。在《我们的首都》一文中，作者就像导游一样，带着读者一一了解和认识了北京的中山堂、北京市劳动人民文化宫、故宫三大殿、北海公园、天坛、颐和园等十五处文物建筑。《祖国的建筑传统与当前的建设问题》主要讲了中国传统建筑的优点和新中国建筑建设方面所面临的问题，并就这些问题为新中国建筑师提出了几项原则。最后一篇《中国建筑发展的历史阶段》，将中国四千年历史的建筑发展分成七个主要阶段，讲述了中国建筑在经济、政治等因素影响下的发展演化，最后提出建筑要“为生产服务，为劳动人民服务”。

以上这些学术文章既科学严谨，又清新隽永，细细读来，使人回味无穷。

作者简介

林徽因（1904—1955），福建省闽侯县人，中国著名的女建筑师、诗人、作家。

林徽因出生于浙江杭州，祖父林孝恂进士出身，父亲林长民毕业于日本早稻田大学，擅诗文，工书法。家庭的熏陶为林徽因日后的创作打下了良好的基础。1916 年，因父亲在北洋政府任职，全家搬到北京，林徽因入英国教会创办的北京培华女子中学学习。1920 年 4 月，林徽因随父亲一起赴欧洲游历，在伦敦时受房东—— 一位女建筑师的影响，对建筑学产生了浓厚的兴趣。在此期间，她还结识了诗人徐志摩。1921 年，林徽因回国，再次进入培华女中学习。1923 年，徐志摩、胡适等人在北京成立新月社，林徽因常去参加活动，她流利的英文和俊秀的外貌给文艺界留下了深刻印象。1924 年 6 月，林徽因和梁思成一起前往美国攻读建筑学，9 月，二人进入宾夕法尼亚大学美术学院学习，因建筑系不收女生，她便注册在美术系，选修了建筑系的课程。1927 年毕业后，转入耶鲁大学戏剧学院学习。1928 年 3 月，她与梁思成结婚，8 月，两人偕同回国。1929 年，林徽因任东北大学建筑系副教授，主讲《雕塑史》和专业英语。1930 年至 1937 年，林徽因同梁思成多次深入河北、山西等地勘察古建筑，并发表了《论中国建筑之几个特征》《平郊建筑杂录》等多篇论文和调查报告。这一时期，林徽因也开始发表一些文学作品，包括小说、剧本、散文和诗歌，数量虽然不多，却引起较大反响。

1937 年 7 月，卢沟桥事变，全面抗战爆发，林徽因被迫中断调查工作，全家辗转到昆明避难。1940 年，随梁思成的工作单位中央研究院迁到四川宜宾，住在低矮破旧的农舍里。颠沛流离的生活和艰苦的条件，使林徽因的肺病复发，但她并未停止工作，依然为写《中国建筑史》搜集资料。这时她的文学作品很少，在她的诗稿中，以前那种恬静、飘逸、清丽、婉约的风格消失不见，取而代之的是迷惘、惆怅、苍凉、沉郁，诗中饱含了对祖国命运的关切之情。

1946年，林徽因全家回到北平。中华人民共和国成立后，林徽因与梁思成积极投身于国家建设。1952年，梁思成等人主持设计人民英雄纪念碑，林徽因任人民英雄纪念碑建筑委员会委员，抱病与助手一起完成了须弥座的图案设计。之后林徽因又撰写了《中山堂》《北海公园》《天坛》《颐和园》《雍和宫》《故宫》等一组介绍中国古建筑的文章。1953年，北京准备拆除牌楼，林徽因与梁思成竭力反对，此后林徽因的病情开始恶化。1955年4月，林徽因病逝，享年51岁。

艺术特色

1. 语言清新、富有情趣

《爱上一座城》共收录了十篇建筑学方面的论文，俱是严肃的学术研究论文。虽然严肃，但语言不失清新和情趣。如《论中国建筑之几个特征》中“这屋顶坡的全部曲线，上部巍然高举，檐部如翼轻展，使本来极无趣，极笨拙的屋顶部，一跃而成为整个建筑的美丽冠冕”。又如《平郊建筑杂录》中“据说正殿本来也有卧佛一躯，雍正还看见过，是旃檀佛像，唐太宗贞观年间的东西。却是到了乾隆年间，这位佛大概睡醒了，不知何时上那儿去了”。作者并没有采用古板的文字来说明，而是运用一定的修辞手法，使得语言变得清新且富有情趣。

2. 善于引经据典

在论文中，作者并没有单纯地叙述自己的研究成果、表达自己的观点，而是大量引经据典，来为自己的论证提供有力的证据，增强文章的说服力。如《北京——都市计划的无比杰作》中引用了苏联建筑史家N. 窝罗宁教授著作《苏联沦陷区解放后之重建》里的话语，《祖国的建筑传统与当前的建设问题》中引用了毛泽东主席在《新民主主义论》里的观点。

3. 有理有据，脉络清晰

作者在论文中配了大量插图和调研表格，使自己的调研有理可循、有据可查。另外，作者在写论文的过程中，并没有一篇到底，有的利用小标题进行了巧妙分节，使得文章的结构脉络清晰。如《中国建筑发展的历史阶段》一文中，作者就将中国四千年的建筑发展史分成了七个阶段，并用小标题的形式将内容分开，分别进行了解读。

人物写真

▶ 梁思成

林徽因的丈夫，近代杰出思想家、文学家梁启超之子，著名的建筑历史学家、建筑教育家和建筑师，毕生致力于中国古代建筑的研究和保护。梁思成曾与林徽因一起在美国攻读建筑学。两人结婚后回国，开始对全国多地的古建筑进行考察测绘，所取得的重大考察结果，使梁思成破解了中国古建筑结构的奥秘，完成了对《营造法式》的注释和《中国建筑史》的编写。他还完成了《清式营造则例》手稿。新中国成立后，他参与了人民英雄纪念碑、中华人民共和国国徽等作品的设计。

▶ 达·芬奇

欧洲文艺复兴时期著名艺术家、科学家、建筑工程师。他不仅在艺术方面取得了辉煌的成就，在建筑领域也有着非凡的才华。他设计过桥梁、教堂、城市街道和城市建筑。他在建筑方面的思想十分超前，是当时的人们难以企及的。

目录

爱上一座城

MuLu

论中国建筑之几个特征

大多数建筑在悠久的历史长河中，受到外来因素的影响后，其结构、布置和外观都会发生根本性的变化，或者循地理推广迁移后，改变原有的格式。但中国建筑在漫长的岁月里一直不曾脱离原始面目。那么，中国建筑在历史长河中，是怎样保持原始面目的呢？

中国建筑为东方最显著的独立系统，渊源深远，而演进程序简纯，历代继承，线索不紊，而基本结构上又绝未因受外来影响致激起复杂变化者。不止在东方三大系建筑之中，较其他两系——印度及阿拉伯（回教建筑）——享寿特长，通行地面特广，而艺术又独臻于最高成熟点。即在世界东西各建筑派系中，相较起来，也是个极特殊的直贯系统。大凡一例建筑，经过悠长的历史，多参杂外来影响，而在结构，布置乃至外观上，常发生根本变化，或循地理推广迁移，因致渐改旧制，顿易材料外观，待达到全盛时期，则多已脱离原始胎形，另具格式。独有中国建筑经历极长久之时间，流布甚广大的地面，而在其最盛期中或在其后代繁衍期中，诸重要建筑物，均始终不脱其

词语在线

旧制：旧的制度。特指我国过去使用的一套计量制度。

原始面目，保存其固有主要结构部分，及布置规模，虽则同时在艺术工程方面，又皆无可置议的进化至极高程度。更可异的是：产生这建筑的民族的历史却并不简单，且并不缺乏种种宗教上，思想上，政治组织上的叠出变化；更曾经多次与强盛的外族或在思想上和平的接触（如印度佛教之传入），或在实际利害关系上发生冲突战斗。

这结构简单，布置平整的中国建筑初形，会如此的泰然，享受几千年繁衍的直系子嗣，自成一个最特殊，最体面的建筑大族，实是一桩极值得研究的现象。

词语在线

泰然：形容心情安定。

鄙薄：①轻视；看不起。②浅陋微薄（多用作谦辞）。

虽然，因为后代的中国建筑，即达到结构和艺术上极复杂精美的程度，外表上却仍呈现出一种单纯简朴的气象，一般人常误会中国建筑根本简陋无甚发展，较诸别系建筑低劣幼稚。

这种错误观念最初自然是起于西人对东方文化的粗忽观察，常作浮躁轻率的结论，以致影响到中国人自己对本国艺术发生极过当的怀疑乃至于鄙薄。好在近来欧美迭出深刻的学者对于东方文化慎重研究，细心体会之后，见解已迥异从前，积渐彻底会悟中国美术之地位及其价值。但研究中国艺术尤其是对于建筑，比较是一种新近的趋势。外人论著关于中国建筑的，尚极少好的贡献，许多地方尚待我们建筑家今后急起直追，搜寻材料考据，作有价值的研究探讨，更正外人的许多隔膜和谬解处。

在原则上，一种好建筑必含有以下三要点：实用；坚固；美观。实用者：切合于当时当地人民生活习惯，适合于当地地理环境。坚固者：不违背其主要材料之合理的结构原则，在寻常环境之下，含有相当永久性的。美观者：具有合理的权衡（不是上重下轻巍然欲倾，上大下小势不能支；或孤耸高峙或细长突出等等违背自然律的状态），要呈现稳重，舒适，自然的外表，更要诚实的呈露全部及部分的功用，不事掩饰，不矫揉造作，勉强堆砌。美观，也可以说，即是综合实用，坚稳，两点之自然结果。

一、中国建筑，不容疑义的，曾经包含过以上三种要素。所谓曾经者，是因为在实用和坚固方面，因时代之变迁已有疑问。近代中国与欧西文化接触日深，生活习惯已完全与旧时不同，旧有建筑当然有许多跟着不适用了。在坚稳方面，因科学发达结果，关于非永久的木料，已有更满意的代替，对于构造亦有更经济精审的方法。已往建筑因人类生活状态时刻推移，致实用方面发生问题以后，仍然保留着它的纯粹美术的价值，是个不可否认的事实。和埃及的金字塔，希腊的巴瑟农庙（Parthenon）一样，北京的坛，庙，宫，殿，是会永远继续着享受荣誉的，虽然它们本来实际的功用已经完全失掉。纯粹美术价值，虽然可以脱离实用方面而存在，它却绝对不能脱离坚稳合理的结构原则而独立的。因为美的权衡比例，美观上的多少特征，全是人的理智技巧，在物理的限制之下，合理的解决了结构上所发生的种种问题的自然结果。

二、人工创造和天然趋势调和至某程度，便是美术的基本，设施雕饰于必需的结构部分，是锦上添花；勉强结构纯为装饰部分，是画蛇添足，足为美术之玷。

中国建筑的美观方面，现时可以说，已被一般人无条件的承认了。但是这建筑的优点，绝不是在那浅现的色彩和雕饰，

词语在线

画蛇添足：蛇本来没有脚，画蛇添上脚（见于《战国策·齐策二》）。比喻做多余的事，反而不恰当。

或特殊之式样上面，却是深藏在那基本的，产生这美观的结构原则里，及中国人的绝对了解控制雕饰的原理上。我们如果要赞扬我们本国光荣的建筑艺术，则应该就他的结构原则，和基本技艺设施方面稍事探讨；不宜只是一味的，不负责任，用极抽象，或肤浅的诗意美谀，披挂在任何外表形式上，学那英国绅士骆斯肯（Ruskin）对高矗式（Gothic）建筑，起劲的唱些高调。

名师点评

作者认为，中国建筑虽然具有美的价值，但其优点却不止于美；赞美中国建筑，要从深层次的技艺和结构下手，不能一味夸耀其形式。作者的看法是客观的、准确的。

建筑艺术是个在极酷刻的物理限制之下，老实的创作。人类由使两根直柱架一根横楣，而能稳立在地平上起，至建成重楼层塔一类作品，其间辛苦艰难的展进，一部分是工程科学的进境，一部分是美术思想的活动和增富。这两方面是在建筑进步的一个总题之下，同行并进的。虽然美术思想这边，常常背叛他们共同的目标——创造好建筑——脱逾常轨，尽它弄巧的能事，引诱工程方面牺牲结构上诚实原则，来将就外表取巧的地方。在这种情形之下时，建筑本身常被连累，损伤了真的价值。在中国各代建筑之中，也有许多这样证例，所以在中国一系列建筑之中的精品，也是极罕有难得的。

大凡一派美术都分有创造，试验，成熟，抄袭，繁衍，堕落诸期，建筑也是一样。初期作品创造力特强，含有试验性。至试验成功，成绩满意，达尽善尽美程度，则进到完全成熟期。成熟之后，必有相当时期因承相袭，不敢，也不能，逾越已有的则例；这期间常常是发生订定则例章程的时候。再来便是在琐节上增繁加富，以避免单调，冀求变换，这便是美术活动越出目标时。这时期始而繁衍，继则堕落，失掉原始骨干精神，变成无意义的形式。堕落之后，继起的新样便是第二潮流的革

词语在线

尽善尽美：非常完美，没有缺陷。

命元勋。第二潮流有鉴于已往作品的优劣，再研究探讨第一代的精华所在，便是考据学问之所以产生。

中国建筑的经过，用我们现有的，极有限的材料作参考，已经可以略略看出各时期的起落兴衰。我们现在也已走到应作考察研究的时代了。在这有限的各朝代建筑遗物里，很可以观察，探讨其结构和式样的特征，来标证那时代建筑的精神和技艺，是兴废还是优劣。但此节非等将中国建筑基本原则分析以后，是不能有所讨论的。

在分析结构之前，先要明了的是主要建筑材料，因为材料要根本影响其结构法的。中国主要建筑材料为木，次加砖石瓦之混用。外表上一座中国式建筑物，可明显的分作三大部：台基部分；柱梁部分；屋顶部分。台基是砖石混用。由柱脚至梁上结构部分，直接承托屋顶者则全是木造。屋顶除少数用茅茨，竹片，泥砖之外自然全是用瓦。而这三部分——台基，柱梁，屋顶——可以说是我们建筑最初胎形的基本要素。

《易经》里“上古穴居而野处，后世圣人易之以宫室，上栋。下宇。以待风雨”。还有《史记》里：“尧之有天下也，堂高三尺……”可见这“栋”“宇”及“堂”（基）在最古建筑里便占定了它们的部位势力。自然最后经过繁重发达的是“栋”——那木造的全部，所以我们也要特别注意。

木造结构，我们所用的原则是“架构制”Framing System。在四根垂直柱的上端，用两横梁两横枋周围牵制成一“间架”（梁与枋根本为同样材料，梁较枋可略壮大。在“间”之左右称柁或梁，在间之前后称枋）。再在两梁之上筑起层叠的梁架以支

词语在线

精华：①(事物)最重要、最好的部分。②光华；光辉。

名师点评

这句引文的大致意思是：上古时候，人们居住在洞穴里，生活在荒野中，后世的圣人建筑房屋，改变了这种居住方式，上有屋顶，旁有四壁，以躲避风雨。

横桁，桁通一“间”之左右两端，从梁架顶上“脊瓜柱”上次第降下至前枋上为止。桁上钉椽，并排栉篦，以承瓦板，这是“架构制”骨干的最简单的说法。总之“架构制”之最负责要素是：（一）那几根支重的垂直立柱。（二）使这些立柱，互相发生联络关系的梁与枋。（三）横梁以上的构造：梁架，横桁，木缘，及其它附属木造，完全用以支承屋顶的部分。

“间”在平面上是一个建筑的最低单位。普通建筑全是多间的且为单数。有“中间”或“明间”“次间”“稍间”“套间”等称。如图一

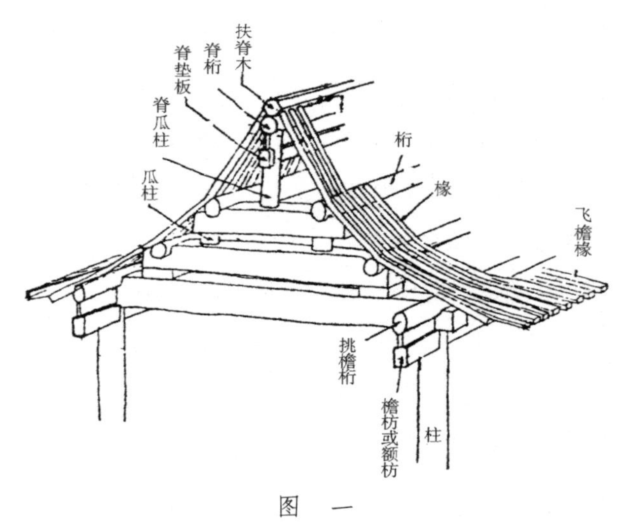

图　一

中国“架构制”与别种制度（如高矗式之“砌栱制”，或西欧最普通之古典派“垒石”建筑）之最大分别：（一）在支重部分之完全倚赖立柱，使墙的部分不负结构上重责，只同门窗隔屏等，尽相似的义务——间隔房间，分划内外而已。（二）立柱始终保守木质不似古希腊之迅速代之以垒石柱，且增加负重墙（Bearing wall），致脱离“架构”而成“垒石”制。

词语在线

义务：①公民或法人按法律规定应尽的责任，例如服兵役（跟“权利”相对）。②道德上应尽的责任。③属性词。不要报酬的。

这架构制的特征，影响至其外表式样的，有以下最明显的几点：（一）高度无形的受限制，绝不出木材可能的范围。（二）即极庄严的建筑，也是呈现绝对玲珑的外表。结构上既绝不需要坚厚的负重墙，除非故意为表现雄伟的时候，酌量增用外（如城楼等建筑），任何大建，均不需墙壁堵塞部分。（三）门窗部分可以不受限制，柱与柱之间可以完全安装透光线的细木作——门屏窗牖之类。实际方面，即在玻璃未发明以前，室内已有极充分光线。北方因气候关系，墙多于窗，南方则反是，可伸缩自如。

这不过是这结构的基本方面，自然的特征。还有许多完全是经过特别的美术活动，而成功的超等特色，使中国建筑占极高的美术位置的，而同时也是中国建筑之精神所在。这些特色最主要的便是屋顶、台基、斗栱、色彩和均称的平面布置。

屋顶本是建筑上最实际必需的部分，中国则自古，不殚烦难的，使之尽善尽美。使切合于实际需求之外，又特具一种美术风格。屋顶最初即不止为屋之顶，因雨水和日光的切要实题，早就扩张出檐的部分。使檐突出并非难事，但是檐深则低，低则阻碍光线，且雨水顺势急流，檐下溅水问题因之发生。为解决这个问题，我们发明飞檐，用双层瓦椽，使檐沿稍翻上去，微成曲线。又因美观关系，使屋角之檐加甚其仰翻曲度。这种前边成曲线，四角翘起的“飞檐”，在结构上有极自然又合理的布置，几乎可以说它便是结构法所促成的。

如何是结构法所促成的呢？简单说：例如“庑殿”式的屋瓦，共有四坡五脊。正脊寻常称房脊，它的骨架是脊桁。那四根斜脊，

名师点评

这里采用了设问的修辞手法，起到了承上启下的作用。

称“垂脊”，它们的骨架是从脊桁斜角，下伸至檐桁上的部分，称由戗及角梁。桁上所钉并排的椽子虽像全是平行的，但因偏左右的几根又要同这“角梁平行”，所以椽的部位，乃由真平行而渐斜，像裙裾的开展。

角梁是方的，椽为圆径（有双层时上层便是方的，角梁双层时则仍全是方的）。角梁的木材大小几乎倍于椽子，到椽与角梁并排时，两个的高下不同，以致不能在它们上面铺钉平板，故此必需将椽依次的抬高，令其上皮同角梁上皮平。在抬高的几根椽子底下填补一片三角形木板称“枕头木”，如图二。

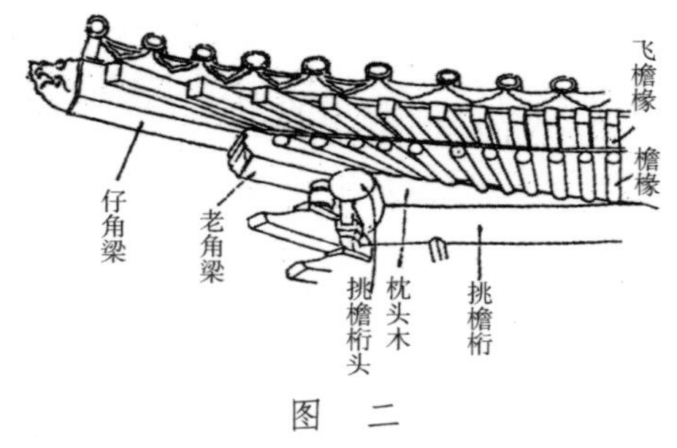

图　二

这个曲线在结构上几乎不可信的简单，和自然，而同时在美观方面不知增加多少神韵。飞檐的美，绝用不着考据家来指点的。不过注意那过当和极端的倾向常将本来自然合理的结构变成取巧和复杂。这过当的倾向，外表上自然也呈出脆弱，虚张的弱点，不为审美者所取，但一般人常以为愈巧愈繁必是愈美，无形中多鼓励这种倾向。南方手艺灵活的地方，过甚的飞檐便是这种证例。外观上虽是浪漫的姿态，容易引诱赞美，但到底不及北方的庄重恰当，合于审美的最真纯条件。

词语在线

指点：①指出来使人知道；点明。②在旁边挑剔毛病；在背后说人不是。③议论；评论。

屋顶曲线不止限于挑檐，即瓦坡的全部也不是一片直坡倾斜下来。屋顶坡的斜度是越往上越增加，如图三。

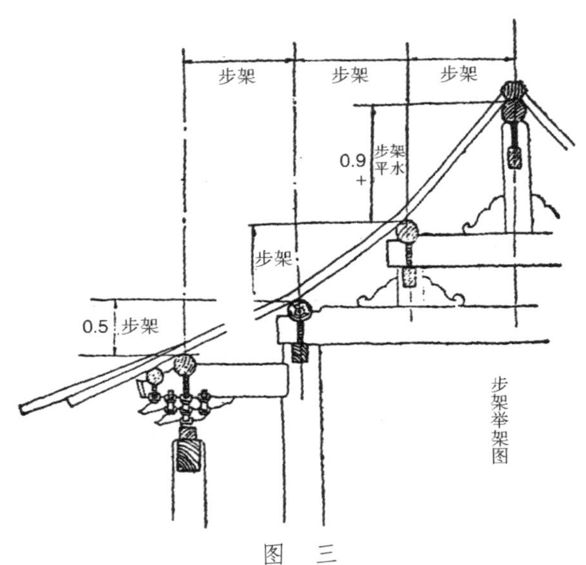

图　三

这斜度之由来是依着梁架叠层的加高，这制度称做“举架法”。这举架的原则极其明显，举架的定例也极简单，只是叠次将梁架上瓜柱增高，尤其是要脊瓜柱特别高。

使檐沿作仰翻曲度的方法，在增加第二层檐椽。这层椽甚短，只驮在头檐椽上面，再出挑一节。这样，则檐的出挑虽加远，而不低下阻蔽光线。

总的说起来，历来被视为极特异神秘之屋顶曲线，并没有什么超出结构原则，和不自然造作之处，同时在美观实用方面均是非常的成功。这屋顶坡的全部曲线，上部巍然高举，檐部如翼轻展，使本来极无趣，极笨拙的屋顶部，一跃而成为整个建筑的美丽冠冕。

名师点评

这里用比喻的修辞手法，描写了飞檐的样子，形象地展现了建筑的美观。

在《周礼》里发现有“上欲尊而宇欲卑；上尊而宇卑，则吐水疾而雷远”之句。这句可谓明晰的写出实际方面之功效。

既讲到屋顶，我们当然还要注意到屋瓦上的种种装饰物。

上面已说过，雕饰必是设施于结构部分才有价值，那么我们屋瓦上的脊瓦吻兽又是如何？

脊瓦可以说是两坡相联处的脊缝上一种镶边的办法，当然也有过当复杂的，但是诚实的来装饰一个结构部分，而不肯勉强的来掩饰一个结构枢纽或关节，是中国建筑最长之处。

瓦上的脊吻和走兽，无疑的，本来也是结构上的部分。现时的龙头形“正吻”古称“鸱尾”，最初必是总管“扶脊木”和脊桁等部分的一块木质关键。这木质关键突出脊上，略作鸟形，后来略加点缀竟然刻成鸱鸟之尾，也是很自然的变化。其所以为鸱尾者还带有一点象征意义，因有传说鸱鸟能吐水，拿它放在瓦脊上可制火灾。

走兽最初必为一种大木钉，通过垂脊之瓦，至“由戗”及“角梁”上，以防止斜脊上面瓦片的溜下，唐时已变成两座“宝珠”，在今之“戗兽”及“仙人”地位上。后代鸱尾变成“龙吻”，宝珠变成“戗兽”及“仙人”，尚加增“戗兽”“仙人”之间一列“走兽”，也不过是雕饰上变化而已。

并且垂脊上戗兽较大，结束“由戗”一段，底下一列走兽装饰在角梁上面，显露基本结构上的节段，亦甚自然合理。

南方屋瓦上多加增极复杂的花样，完全脱离结构上任务纯粹的显示技巧，甚属无聊，不足称扬。

外国人因为中国人屋顶之特殊形式，迥异于欧西各系，早多注意及之。论说纷纷，妙想天开。有说中国屋顶乃根据游牧时代帐幕者，有说象形蔽天之松枝者，有目中国飞檐为怪诞者，有谓中国建筑类儿戏者，有的全由走兽龙头方面，无谓的探讨意义，几乎不值得在此费时反证。总之这种曲线屋顶已经从结

名师点评

这段话采用排比手法来说明外国人对中国屋顶的看法，使条理更加分明，增强了文章的表达效果。

构上分析了，又从雕饰设施原则上审察了，而其美观实用方面又显著明晰，不容否认。我们的结论实可以简单的承认它艺术上的大成功。

中国建筑的第二个显著特征，并且与屋顶有密切关系的，便是，“斗栱”部分。最初檐承于椽，椽承于檐桁，桁则架于梁端。此梁端即是由梁架延长，伸出柱的外边。但高大的建筑物出檐既深，单指梁端支持，势必不胜，结果必产生重叠的木“翘”支于梁端之下。但单借木翘不够担全檐沿的重量，尤其是建筑物愈大，两柱间之距离也愈远，所以又生左右岔出的横“栱”来接受檐桁。这前后的木翘，左右的横栱，结合而成“斗栱”全部（在栱或翘昂的两端和相交处，介于上下两层栱或翘之间的斗形木块称“枓”）。“昂”最初为又一种之翘，后部斜伸出斗栱后用以支“金桁”。

斗栱是柱与屋顶间的过渡部分。使支出的房檐的重量渐次集中下来直到柱的上面。斗栱的演化，每是技巧上的进步，但是后代斗栱（约略从宋元以后），便变化到非常复杂，在结构上已有过当的部分，部位上也有改变。本来斗栱只限于柱的上面（今称柱头斗），后来为外观关系，又增加一攒所谓“平身科”者，在柱与柱之间。明清建筑上平身科加增到六七攒，排成一列，完全成为装饰品，失去本来功用。“昂”之后部功用亦废除，只余前部形式而已。如图四

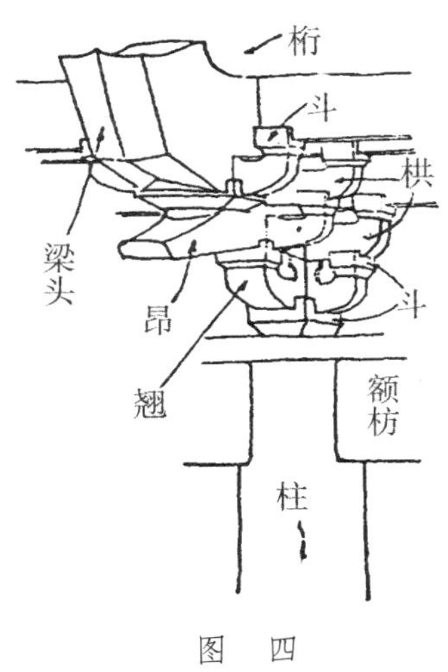

图　四

不过当复杂的斗栱，的确是柱与檐之间最恰当的关节，集中横展的屋檐重量，到垂直的立柱上面，同时变成檐下一种点缀，可作结构本身变成装饰部分的最好条例。可惜后代的建筑多减轻斗栱的结构上重要，使之几乎纯为奢侈的装饰品，令中国建筑失却一个优越的中坚要素。

斗栱的演进式样和结构限于篇幅，不能再仔细述说，只能就它的极基本原则上在此指出它的重要及优点。

斗栱以下的最重要部分，自然是柱，及柱与柱之间的细巧的木作。魁伟的圆柱和细致的木刻门窗对照，又是一种艺术上满意之点。不止如此，因为木料不能经久的原始缘故，中国建筑又发生了色彩的特征。涂漆在木料的结构上为的是：（一）保存木质抵制风日雨水，（二）可牢结各处接合关节，（三）加增色彩的特征。这又是兼收美观实际上的好处，不能单以色彩作奇特繁华之表现。彩绘的设施在中国建筑上，非常之慎重，部位多限于檐下结构部分，在阴影掩映之中。主要彩色亦为“冷色”如青蓝碧绿，有时略加金点。其它檐以下的大部分颜色则纯为赤红，与檐下彩绘正成反照。中国人的操纵色彩可谓轻重得当。设使滥用彩色于建筑全部，使上下耀目辉煌，必成野蛮现象，失掉所有庄严和调谐。别系建筑颇有犯此忌者，更可见中国人有超等美术见解。

至彩色琉璃瓦产生之后，连黯淡无光的青瓦，都成为片片堂皇的黄金碧玉，这又是中国建筑的大光荣，不过滥用杂色瓦，也是一种危险，幸免这种引诱，也是我们可骄傲之处。

名师点评

作者对中国人坚持自己的建筑风格感到庆幸和骄傲，赞美之情溢于言表。

还有一个最基本结构部分——台基——虽然没有特别可议论称扬之处，不过在全个建筑上看来，有如许壮伟巍峨的屋顶如果没有特别舒展或多层的基座托衬，必显出上重下轻之势，所以既有那特种的屋顶，则必需有这相当的基座。架构建筑本身轻于垒砌建筑，中国又少有多层楼阁，基础结构颇为简陋。大建筑的基座加有相当的石刻花纹，这种花纹的分配似乎是根据原始木质台基而成，积渐施之于石。与台基连带的有石栏，石阶，辇道的附属部分，都是各有各的功用而同时又都是极美的点缀品。

最后的一点关于中国建筑特征的，自然是它的特种的平面布置。平面布置上最特殊处是绝对本着均衡相称的原则，左右均分的对峙。这种分配倒并不是由于结构，主要原因是起于原始的宗教思想和形式，社会组织制度，人民俗习，后来又因喜欢守旧仿古，多承袭传统的惯例。结果均衡相称的原则变成中国特有一个固执嗜好。

例外于均衡布置建筑，也有许多。因庄严沉闷的布置，致激起故意浪漫的变化；此类若园庭，别墅，宫苑楼阁者是平面上极其曲折变幻，与对称的布置正相反其性质。中国建筑有此两种极端相反布置，这两种庄严和浪漫平面之间，也颇有混合变化的实例，供给许多有趣的研究，可以打消西人浮躁的结论，谓中国建筑布置上是完全的单调而且缺乏趣味。但是画廊亭阁的曲折纤巧，也得有相当的限制。过于勉强取巧的人工虽可令寻常人惊叹观止，却是审美者所最鄙薄的。

词语在线

观止：看到这里就可以不再看别的了，称赞所看到的事物好到极点。

在这里我们要提出中国建筑上的几个弱点。（一）中国的匠师对木料，尤其是梁，往往用得太费。他们显然不明了横梁载重的力量只与梁高成正比例，而与梁宽的关系较小。所以梁的宽度，由近代的工程眼光看来，往往嫌其太过。同时匠师对于梁的尺寸，因没有计算木力的方法，不得不尽量的放大，用极大的factor of safety，以保安全。结果是材料的大靡费。（二）他们虽知道三角形是惟一不变动的几何形，但对于这原则极少应用。所以中国的屋架，经过不十分长久的岁月，便有倾斜的危险。我们在北平街上，到处可以看见这种倾斜而用砖墙或木柱支撑的房子。不惟如此，这三角形原则之不应用，也是屋梁费料的一个大原因，因为若能应用此原则，梁就可用较小的木料。（三）地基太浅是中国建筑的大病。普通则例规定是台明高之一半，下面再垫上几点灰土。这种做法很不彻底，尤其是在北方，地基若不刨到结冰线（frost line）以下，建筑物的坚实方面，因地的冻冰，一定要发生问题。好在这几个缺点，在新建筑师的手里，并不成难题。我们只怕不了解，了解之后，要去避免或纠正是很容易的。

名师点评

译为安全系数。

结构上细部枢纽，在西洋诸系中，时常成为被憎恶部分。建筑家不惜费尽心思来掩蔽它们。大者如屋顶用女儿墙来遮掩，如梁架内部结构，全部藏入顶篷之内；小者如钉，如合叶，莫不全是要掩藏的细部。独有中国建筑敢袒露所有结构部分，毫无畏缩遮掩的习惯，大者如梁，如椽，如梁头，如屋脊，小者如钉，如合叶，如箍头，莫不全数呈露外部，或略加雕饰，或布置成纹，使转成一种点缀。几乎全部结构各成美术上的贡献。这个特征在历史上，除西方高矗式（gothic）建筑外，惟有中国建筑有此优点。

现在我们方在起始研究，将来若能将中国建筑的源流变化悉数考察无遗，那时优劣诸点，极明了的陈列出来，当更可以慎重讨论，作将来中国建筑趋途的指导。省得一般建筑家，不是完全遗弃这已往的制度，则是追随西人之后，盲目抄袭中国宫殿，作无意义的尝试。

关于中国建筑之将来，更有特别可注意的一点：我们架构制的原则适巧和现代“洋灰铁筋架”或“钢架”建筑同一道理；以立柱横梁牵制成架为基本。现代欧洲建筑为现代生活所驱，已断然取革命态度，尽量利用近代科学材料，另具方法形式，而迎合近代生活之需求。若工厂，学校，医院，及其它公共建筑等为需要日光便利，已不能仿取古典派之垒砌制，致多墙壁而少窗牖。中国架构制既与现代方法恰巧同一原则，将来只需变更建筑材料，主要结构部分则均可不有过激变动，而同时因材料之可能，更作新的发展，必有极满意的新建筑产生。

词语在线

断然：坚决；果断。

（初刊于1932年3月《中国营造学社汇刊》第3卷第1期，署名林徽音）

品读赏析

这是作者第一篇关于中国建筑的论述。论文中，作者以西方近现代建筑的结构理性主义为理论基础，论证了中国建筑的历史演变脉络，与现代建筑的关联，以及在现代复兴的可能性，肯定了中国建筑在世界建筑中的地位。

写作积累

泰然　矫揉造作　锦上添花　画蛇添足　尽善尽美

·人工创造和天然趋势调和至某程度，便是美术的基本，设施雕饰于必需的结构部分，是锦上添花；勉强结构纯为装饰部分，是画蛇添足，足为美术之玷。

·这屋顶坡的全部曲线，上部巍然高举，檐部如翼轻展，使本来极无趣，极笨拙的屋顶部，一跃而成为整个建筑的美丽冠冕。

·有说中国屋顶乃根据游牧时代帐幕者，有说象形蔽天之松枝者，有目中国飞檐为怪诞者，有谓中国建筑类儿戏者，有的全由走兽龙头方面，无谓的探讨意义，几乎不值得在此费时反证。

·过于勉强取巧的人工虽可令寻常人惊叹观止，却是审美者所最鄙薄的。

思考练习

1. 为什么有人认为中国建筑简陋无发展、低劣幼稚？
2. 中国建筑都有哪些特征？

平郊建筑杂录

北平四郊有很多有着两三百年历史的建筑。这些建筑蕴含着一些美，给建筑审美者一种特异的感觉——“建筑意”。那么，什么是“建筑意”呢？作者认为建筑审美不能势利，但可以“以貌取建”，并举了一些实例来阐述自己的观点。作者都列举了哪些实例呢？

北平四郊近二三百年间建筑遗物极多，偶尔郊游，触目都是饶有趣味的古建。其中辽金元古物虽然也有，但是大部分还是明清的遗构；有的是显赫的“名胜”，有的是消沉的“痕迹”；有的按期受成群的世界游历团的赞扬，有的只偶尔受诗人们的凭吊，或画家的欣赏。

这些美的所在，在建筑审美者的眼里，都能引起特异的感觉，在“诗意”和“画意”之外，还使他感到一种“建筑意”的愉快。这也许是个狂妄的说法——但是，什么叫做“建筑意”？我们很可以找出一个比较近理的定义或解释来。

顽石会不会点头，我们不敢有所争辩，那问题怕要牵涉到物理学家，但经过大匠之手泽，年代之磋磨，有一些石头的确是会蕴含生气的。天然的材料经人的聪明建造，再受时间的洗礼，成美术与历史地理之和，使它不能不引起赏鉴者一种特殊的性灵的融会，神志的感触，这话或者可以算是说得通。

无论那一个巍峨的古城楼，或一角倾颓的殿基的灵魂里，无形中都在诉说，乃至于歌唱，时间上漫不可信的变迁；由温雅的儿女佳话，到流血成渠的杀戮。他们所给的“意”的确是“诗”与“画”的。但是建筑师要郑重郑重的声明，那里面还有超出这“诗”“画”以外的意存在。眼睛在接触人的智力和生活所产生的一个结构，在光影恰恰可人中，和谐的轮廓，披着风露所赐与的层层生动的色彩；潜意识里更有“眼看他起高楼，眼看他楼塌了”凭吊兴衰的感慨；偶然更发现一片，只要一片，极精致的雕纹，一位不知名匠师的手笔，请问那时锐感，即不叫他做“建筑意”，我们也得要临时给他制造个同样狂妄的名词，是不?

建筑审美可不能势利的。大名显赫，尤其是有乾隆御笔碑石来赞扬的，并不一定便是宝贝；不见经传，湮没在人迹罕至的乱草中间的，更不一定不是一位无名英雄。以貌取人或者不可，“以貌取建”却是个好态度。北平近郊可经人以貌取舍的古建筑实不在少数。摄影图录之后，或考证它的来历，或由村老传说中推测他的过往——可以成一个建筑师为古物打抱不平的事业，和比较有意思的夏假消遣。而他的报酬便是那无穷的建筑意的收获。

词语在线

洗礼:①基督教接受人入教时所举行的一种宗教仪式，把水滴在受洗人的额上，或让受洗人身体浸在水里，表示洗净过去的罪恶。②比喻重大斗争的锻炼和考验。

不见经传：经传中没有记载，指人或事物没有什么名气，也指某种理论缺乏文献上的依据。

一　卧佛寺的平面

说起受帝国主义的压迫，再没有比卧佛寺委屈的了。卧佛寺的住持智宽和尚，前年偶同我们谈天，用“叹息痛恨于桓灵”

的口气告诉我，他的先师老和尚，如何如何的与青年会订了合同，以每年一百元的租金，把寺的大部分租借了二十年，如同胶州湾，辽东半岛的条约一样。

名师点评

胶州湾的条约指中德签订的《中德胶澳租借条约》，辽东半岛的条约指中日签订的《马关条约》。这两个条约都是丧权辱国的条约。

其实这都怪那佛一觉睡几百年不醒，到了这危难的关头，还不起来给老和尚当头棒喝，使他早早觉悟，组织个佛教青年会西山消夏团。虽未必可使佛法感化了摩登青年，至少可借以繁荣了寿安山……不错，那山叫寿安山……又何至等到今年五台山些少的补助，才能修葺开始残破的庙宇呢！

我们也不必怪老和尚，也不必怪青年会……其实还应该感谢青年会。要是没有青年会，今天有几个人会知道卧佛寺那样一个山窝子里的去处。在北方——尤其是北平——上学的人，大半都到过卧佛寺。一到夏天，各地学生们，男的，女的，谁不愿意来消消夏，爬山，游水，骑驴，多么优哉游哉。据说每年夏令会总成全了许多爱人儿们的心愿，想不到睡觉的释迦牟尼，还能在梦中代行月下老人的职务，也真是佛法无边了。

从玉泉山到香山的马路，快近北辛村的地方，有条岔路忽然转北上坡的，正是引导你到卧佛寺的大道。寺是向南，一带山屏障似的围住寺的北面，所以寺后有一部分渐高，一直上了山脚。在最前面，迎着来人的，是寺的第一道牌楼，那还在一条柏荫夹道的前头。当初这牌楼是什么模样，我们大概还能想象，前人做的事虽不一定都比我们强，却是关于这牌楼大概无论如何他们要比我们大方得多。现有的这座只说他不顺眼已算十分客气，不知那一位和尚化来的酸缘，在破碎的基上，竖了四根小柱子，上面横钉了几块板，就叫它做牌楼。这算是经济萎衰的直接表现，还是宗教力渐弱的间接表现？一时我还不能答复。

名师点评

《日下旧闻考》全名《钦定日下旧闻考》，清英廉等奉敕编，是迄今所见清代官修规模最大、编辑时间最长、内容最丰富、考据最详实的北京史志文献资料集。

顺着两行古柏的马道上去，骤然间到了上边，才看见另外的鲜明的一座琉璃牌楼在眼前。汉白玉的须弥座，三个汉白玉的圆门洞，黄绿琉璃的柱子，横额，斗栱，檐瓦。如果你相信一个建筑师的自言自语，“那是乾嘉间的作法”。至于《日下旧闻考》所记寺前为门的如来宝塔，却已不知去向了。

琉璃牌楼之内，有一道白石桥，由半月形的小池上过去。池的北面和桥的旁边，都有精致的石栏杆，现在只余北面一半，南面的已改成洋灰抹砖栏杆。这池据说是“放生池”，里面的鱼，都是“放”的。佛寺前的池，本是佛寺的一部分，用不着我们小题大作的讲。但是池上有桥，现在虽处处可见，但它的来由却不见得十分古远。在许多寺池上，没有桥的却较占多数。至于池的半月形，也是个较近的做法，古代的池大半都是方的。池的用途多是放生，养鱼。但是刘士能先生告诉我们说南京附近有一处律宗的寺，利用山中溪水为月牙池，和尚们每斋都跪在池边吃，风雪无阻，吃完在池中洗碗。幸而卧佛寺的和尚们并不如律宗的苦行，不然放生池不唯不能放生，怕还要变成脏水坑了。

与桥正相对的是山门。山门之外，左右两旁，是钟鼓楼，从前已很破烂，今年忽然大大的修整起来。连角梁下失去的铜铎，也用二十一号的白铅铁焊上，油上红绿颜色，如同东安市场的国货玩具一样的鲜明。

山门平时是不开的，走路的人都从山门旁边的门道出入。入门之后，迎面是一座天王殿，里面供的是四天王——就是四大金刚——东西梢间各两位对面侍立，明间面南的是光肚笑嘻嘻的阿弥陀佛，面北合十站着的是韦驮。

再进去是正殿，前面是月台，月台上（在秋收的时候）铺着金黄色的老玉米，像是专替旧殿着色。正殿五间，供三位喇嘛式的佛像。据说正殿本来也有卧佛一躯，雍正还看见过，是旃檀佛像，唐太宗贞观年间的东西。却是到了乾隆年间，这位佛大概睡醒了，不知何时上那儿去了。只剩了后殿那一位，一直睡到如今，还没有醒。

名师点评

作者把旃檀佛像丢失说成是自己睡醒去了别的地方，这是一种拟人手法，增加了文章的趣味性。

从前面牌楼一直到后殿，都是建立在一条中线上的。这个在寺的平面上并不算稀奇，罕异的却是由山门之左右，有游廊向东西，再折而向北，其间虽有方丈客室和正殿的东西配殿，但是一气连接，直到最后面又折而东西，回到后殿左右。这一周的廊，东西（连山门或后殿算上）十九间，南北（连方丈配殿算上）四十间，成一个大长方形。中间虽立着天王殿和正殿，却不像普通的庙殿，将全寺用“四合头”式

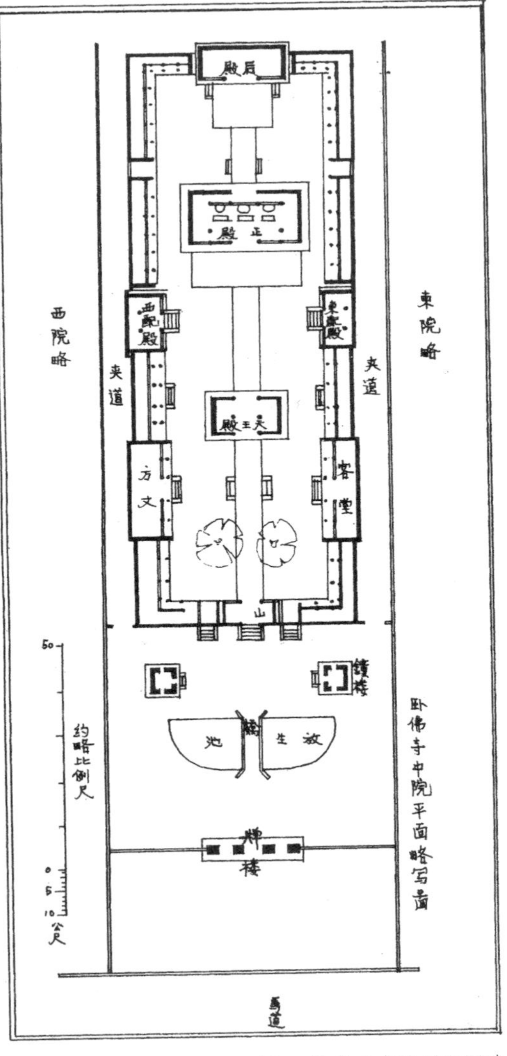

图一 卧佛寺中院平面图略

前后分成几进，这是少有的。在这点上，本刊上期刘士能先生在智化寺调查记中说：“唐宋以来有伽蓝七堂之称。唯各宗略有异同，而同在一宗，复因地域环境，互有增省……”现在卧佛寺中院，除去最后的后殿外，前面各堂为数适七，虽不敢说这是七堂之例，但可借此略窥制度耳。

这种平面布置，在唐宋时代很是平常，敦煌画壁里的伽蓝都是如此布置，在日本各地也有飞鸟平安时代这种的遗例。在北平一带（别处如何未得详究），却只剩这一处唐式平面了。所以人人熟识的卧佛寺，经过许多人用帆布床“卧”过的卧佛寺游廊，是还有一点新的理由，值得游人将来重加注意的。

卧佛寺各部殿宇的立面（外观）和断面（内部结构）却都是清式中极规矩的结构，用不着细讲。至于殿前伟丽的娑罗宝树，和树下消夏的青年们所给与你的是什么复杂的感觉，那是各人的人生观问题，建筑师可以不必参加意见。事实极明显的，如东院几进宜于消夏乘凉：西院的观音堂总有人租住：堂前的方池——旧籍中无数记录的方池——现在已成了游泳池，更不必赘述或加任何的注解。

词语在线

赘述：多余地叙述。

“凝神映性”的池水，用来作锻炼身体之用，在青年会道德观之下，自成道理——没有康健的身体，焉能有康健的精神？或许！或许！但怕池中的微生物杂菌不甚懂事。

池的四周原有精美的白石栏杆，已拆下叠成台阶，做游人下池的路。不知趣的，容易伤感的建筑师，看了又一阵心酸。其实这不算稀奇，中世纪的教皇们不是把古罗马时代的庙宇当石矿用，采取那石头去修“上帝的房子”吗？这台阶——栏杆——或也不过是将原来离经叛道“崇拜偶像者”的迷信废物，拿去为上帝人道尽义务。"保存古物"，在许多人听去当是一句迂腐的废话。"这年头！这年头！"每个时代都有些人在没奈何时，喊着这句话出出气。

二　法海寺门与原先的居庸关

法海寺在香山之南，香山通八大处马路的西边不远。一个很小的山寺，谁也不会上那里去游览的。寺的本身在山坡上，寺门却在寺前一里多远山坡底下。坐汽车走过那一带的人，怕绝对不会看见法海寺门一类无关轻重的东西的。骑驴或走路的人，也很难得注意到在山谷碎石堆里那一点小建筑物。尤其是由远处看，它的颜色和背景非常相似。因此看见过法海寺门的人我敢相信一定不多。

特别留意到这寺门的人，却必定有。因为这寺门的形式是与寻常的极不相同；有圆栱门洞的城楼模样，上边却顶着一座喇嘛式的塔——一个缩小的北海白塔。这奇特的形式，不是中国建筑里所常见。

这圆栱门洞是石砌的。东面门额上题着"敕赐法海禅寺"，旁边陪着一行"顺治十七年夏月吉日"的小字。西面额上题着三种文字，其中看得懂的中文是"唵巴得摩乌室尼渴华麻列吽登吒"，其他两种或是满蒙各占其一个。走路到这门下，疲乏之余，读完这一行题字也就觉得轻松许多！

> **名师点评**
> 顺治十七年是公元1660年。夏月是古代用语，夏天的意思，现在已经不使用。吉日，吉利的日子。

门洞里还有隐约的画壁，顶上一部分居然还勉强剩出一点颜色来。由门洞西望，不远便是一座石桥，微拱的架过一道山沟，接着一条山道直通到山坡上寺的本身。

门上那座塔的平面略似十字形而较复杂。立面分多层，中间束腰石色较白，刻着生猛的浮雕狮子。在束腰上枋以上，各层重叠像阶级，每级每面有三尊佛像。每尊佛像带着背光，成一浮雕薄片，周围有极精致的琉璃边框。像脸不带色釉，眉目口鼻均伶俐秀美，全脸大不及寸余。座上便是塔的圆肚，塔肚四面四个浅龛，中间坐着浮雕造像，刻工甚俊。龛边亦有细刻。更上是相轮（或称刹），刹座刻作莲瓣，外廓微作盆形，底下还有小方十字座。最顶尖上有仰月的教徽。仰月徽去夏还完好，今秋已掉下。据乡人说是八月间大风雨吹掉的，这塔的破坏于是又进了一步。

这座小小带塔的寺门，除门洞上面一围砖栏杆外，完全是石造的。这在中国又是个少有的例。现在塔座上斜长着一棵古劲的柏树，为塔门增了不少的苍姿，更像是做他的年代的保证。为塔门保存计，这种古树似要移去的。怜惜古建的人到了这里真是彷徨不知所措；好在在古物保存如许不周到的中国，这忧虑未免神经过敏！

词语在线

彷徨：走来走去，犹疑不决，不知往哪个方向去。

法海寺门特点却并不在上述诸点，石造及其年代等等，主要的却是它的式样与原先的居庸关相类似。从前居庸关上本有一座塔的，但因倾颓已久，无从考其形状。不想在平郊竟有这样一个发现。虽然在《日下旧闻考》里法海寺只占了两行不重要的位置；一句轻淡的“门上有小塔”，在研究居庸关原状的立脚点看来，却要算个重要的材料了。

三　杏子口的三个石佛龛

由八大处向香山走，出来不过三四里，马路便由一处山口里开过。在山口路转第一个大弯，向下直趋的地方，马路旁边，微偻的山坡上，有两座小小的石亭。其实也无所谓石亭，简直就是两座小石佛龛。两座石龛的大小稍稍不同，而它们的背面却同是不客气的向着马路。因为它们的前面全是向南，朝着另一个山口——那原来的杏子口。

在没有马路的时代，这地方才不愧称做山口。在深入三四十尺的山沟中，一道唯一的蜿蜒险狭的出路；两旁对峙着两堆山，一出口则豁然开朗一片平原田壤，海似的平铺着，远处浮出同孤岛一般的玉泉山，托住山塔。这杏子口的确有小规模的“一夫当关，万夫莫敌”的特异形势。两石佛龛既据住北坡的顶上，对面南坡上也立着一座北向的，相似的石龛，朝着这山口。由石峡底下的杏子口望上看，这三座石龛分峙两崖，虽然很小，却顶着一种超然的庄严，镶在碧澄澄的天空里，给辛苦的行人一种神异的快感和美感。

词语在线

蜿蜒：①蛇类爬行的样子。②（山脉、河流、道路等）弯弯曲曲地延伸的样子。

现时的马路是在北坡两龛背后绕着过去，直趋下山。因其逼近两龛，所以驰车过此地的人，绝对要看到这两个特别的石亭子的。但是同时因为这山路危趋的形势，无论是由香山西行，还是从八大处东去，谁都不愿冒险停住快驶的汽车去细看这么几个石佛龛子。于是多数的过路车客，全都遏制住好奇爱古的心，冲过去便算了。

假若作者是个细看过这石龛的人，那是因为他是例外，遏止不住他的好奇爱古的心，在冲过便算了不知多少次以后发誓要停下来看一次的。那一次也就不算过路，却是带着照相机去专程拜谒；且将车驶过那危险的山路停下，又步行到龛前后去瞻仰丰采的。

在龛前，高高的往下望着那刻着几百年车辙的杏子口石路，看一个小泥人大小的农人挑着担过去，又一个戴朵鬓花的老婆子，夹着黄色包袱，弯着背慢慢的踱过来，才能明白这三座石龛本来的使命。如果这石龛能够说话，他们或不能告诉得完他们所看过经过杏子口底下的图画——那时一串骆驼正在一个跟着一个的，穿出杏子口转下一个斜坡。

名师点评

这里借拟人手法表现了石龛历史的悠久。

北坡上这两座佛龛是并立在一个小台基上，它们的结构都是由几片青石片合成——每面墙是一整片，南面有门洞，屋顶每层檐一片。西边那座龛较大，平面约一米余见方，高约二米。重檐，上层檐四角微微翘起，值得注意。东面墙上有历代的刻字，跑着的马，人脸的正面等。其中有几个年月人名，较古的有“承安五年四月廿三日到此”，和“至元九年六月十五日□□□贾智记”。承安是金章宗年号，五年是公元一二〇〇年。至元九年是元世祖的年号，元顺帝的至元到六年就改元了，所以是公元一二七二年。这小小的佛龛，至迟也是金代遗物，居然在杏子口受了七百多年以上的风雨，依然存在。当时巍然顶在杏子口北崖上的神气，现在被煞风景的马路贬到盘坐路旁的谦抑；但它们的老资格却并不因此减损，那种倚老卖老的倔强，差不多是傲慢冥顽了。西面墙上有古拙的画——佛像和马——那佛像的样子，骤看竟像美洲土人的 Totian-Pole。

词语在线

倚老卖老：仗着年纪大，卖弄老资格。

龛内有一尊无头趺坐的佛像，虽像身已裂，但是流丽的衣褶纹，还有“南宋期”的遗风。

台基上东边的一座较小，只有单檐，墙上也没字画。龛内有小小无头像一躯，大概是清代补作的。这两座都有苍绿的颜色。

台基前面有宽二米长四米余的月台，上面的面积勉强可以叩拜佛像。

南崖上只有一座佛龛，大小与北崖上小的那座一样。三面做墙的石片，已成纯厚的深黄色，像纯美的烟叶。西面刻着双钩的“南”字，南面“无”字，东面“佛”字，都是径约八分米。北面开门，里面的佛像已经失了。

这三座小龛，虽不能说是真正的建筑遗物，也可以说是与建筑有关的小品。不止诗意画意都很充足，“建筑意”更是丰富，实在值得停车一览。至于走下山坡到原来的杏子口里望上真真瞻仰这三龛本来庄严峻立的形势，更是值得。

关于北平掌故的书里，还未曾发现有关于这三座石佛龛的记载。好在对于它们年代的审定，因有墙上的刻字，已没有什么难题。所可惜的是它们渺茫的历史无从参考出来，为我们的研究增些趣味。

词语在线

掌故：历史上的人物事迹、制度沿革等。

（初刊于1932年11月《中国营造学社汇刊》第3卷第4期，署名梁思成、林徽音。）

品读赏析

作者在这篇论文中，以通俗晓畅又不失灵气的文笔，提出了一个重要观点——“建筑意”，这个概念在中国建筑理论中第一次出现。综合文中所述，所谓“建筑意”就是超出建筑意象“诗”“画”感觉的、一种对于历史文化与历史兴衰的感叹。在作者看来，古建筑没有了，就永远失去了“建筑意”，即使再重建也只能让人感到诗情画意。这个概念的提出，体现了作者目光的长远，这在建筑史上具有非凡的意义。

写作积累

不见经传　打抱不平　当头棒喝　小题大作　离经叛道　不知所措　豁然开朗　倚老卖老

·顽石会不会点头，我们不敢有所争辩，那问题怕要牵涉到物理学家，但经过大匠之手泽，年代之磋磨，有一些石头的确是会蕴含生气的。

·无论那一个巍峨的古城楼，或一角倾颓的殿基的灵魂里，无形中都在诉说，乃至于歌唱，时间上漫不可信的变迁；由温雅的儿女佳话，到流血成渠的杀戮。

·其实这都怪那佛一觉睡几百年不醒，到了这危难的关头，还不起来给老和尚当头棒喝，使他早早觉悟，组织个佛教青年会西山消夏团。

·两旁对峙着两堆山，一出口则豁然开朗一片平原田壤，海似的平铺着，远处浮出同孤岛一般的玉泉山，托住山塔。

·当时巍然顶在杏子口北崖上的神气，现在被煞风景的马路贬到盘坐路旁的谦抑；但它们的老资格却并不因此减损，那种倚老卖老的倔强，差不多是傲慢冥顽了。

思考练习

1. 作者在文中提出了“建筑意”的概念，“建筑意”是什么呢？
2. 文中介绍了北平四郊的哪些建筑？

闲谈关于古代建筑的一点消息
（附梁思成君通信四则）

艺术从来都不会脱离一个活泼的民族而单独存在，一个民族衰败没落了，其艺术也会随之消亡；而子孙后代保护不好祖宗留下的至宝，甚至抛弃这些至宝，则说明这个民族堕落了。作者认为，虽然我们的国家多故，但还没到堕落的地步。所以，在听到古建筑这种艺术至宝的消息后，作者还是比较关心。那么，古建筑的消息是从哪里来的呢？又是什么古建筑呢？

在这整个民族和他的文化，均在挣扎着他们垂危的运命的时候，凭你有多少关于古代艺术的消息，你只感到说不出口的难受！艺术是未曾脱离过一个活泼的民族而存在的；一个民族衰败湮没，他们的艺术也就跟着消沉僵死。知道一个民族在过去的时代里，曾有过丰富的成绩，并不保证他们现在仍然在活跃繁荣的。

但是反过来说，如果我们到了连祖宗传留下的家产都没有能力清理，或保护；乃至于让家里的至宝毁坏散失，或竟拿到旧货摊上变卖；这现象却又恰恰证明我们这做子孙的没有出

词语在线

变卖：出卖财产什物，换取现款。

息，智力德行已经都到了不能再堕落的田地。睁着眼睛向旧有的文艺喝一声：“去你的，咱们维新了，革命了，用不着再留丝毫旧有的任何智识或技艺了。”这话不但不通，简直是近乎无赖！

话是不能说到太远，题目里已明显的提过有关于古建筑的消息在这里，不幸我们的国家多故，天天都是迫切的危难临头，骤听到艺术方面的消息似乎觉到有点不识时宜，但是，相信我——上边已说了许多——这也是我们当然会关心的一点事，如果我们这民族还没有堕落到不认得祖传宝贝的田地。

这消息简单的说来，就是新近有几个死心眼的建筑师，放弃了他们盖洋房的好机会，卷了铺盖到各处测绘几百年前他们同行中的先进，用他们当时的一切聪明技艺，所盖惊人的伟大建筑物，在我投稿时候正在山西应县辽代的八角五层木塔前边。

山西应县的辽代木塔，说来容易，听来似乎也平淡无奇，值不得心多跳一下，眼睛睁大一分。但是西历一〇五六到现在，算起来是整整的八百七十七年。古代完全木构的建筑物高到二百八十五尺，在中国也就剩这一座独一无二的应县佛宫寺塔了。比这塔更早的木构已经专家看到，加以认识和研究的，在国内的只不过五处蓟县独乐寺观音阁及山门，辽统和二年，公元九八四年。大同下华严寺薄伽教藏，辽重熙七年（一〇三八）。宝坻广济寺三大士殿，辽太平五年（一〇二五）。义县奉国寺大雄宝殿，辽开泰九年（一〇二〇）。而已。

中国建筑的演变史在今日还是个灯谜，将来如果有一天，我们有相当的把握写部建筑史时，那部建筑史也就可以像一部最有趣味的侦探小说，其中主要的人物给侦探以相当方便和线索的，左不是那几座现存的最古遗物。现在唐代木构在国内还没找到一个，而宋代所刊营造法式又还有困难不能完全解释的

地方，这距唐不久，离宋全盛时代还早的辽代，居然遗留给我们一些顶呱呱的木塔，高阁，佛殿，经藏，帮我们抓住前后许多重要的关键，这在几个研究建筑的死心眼人看来，已是了不起的事了。

我最初对于这应县木塔似乎并没有太多的热心，原因是思成自从知道了有这塔起，对于这塔的关心，几乎超过他自己的日常生活。早晨洗脸的时候，他会说“上应县去不应该是太难吧”。吃饭的时候，他会说“山西都修有顶好的汽车路了”。走路的时候，他会忽然间笑着说，“如果我能够去测绘那应州塔，我想，我一定……”他话常常没有说完，也许因为太严重的事怕语言亵渎了，最难受的一点是他根本还没有看见过这塔的样子，连一张模糊的相片，或翻印都没有见到！

名师点评

这段话通过细节描写表现了梁思成对应县木塔的关心，从侧面反映出梁思成对自己事业的热爱。

有一天早上，在我们少数信件之中，我发现有一个纸包，寄件人的住址却是山西应县××斋照相馆！——这才是侦探小说有趣的一页，——原来他想了这么一个方法写封信“探投山西应县最高等照相馆”，弄到一张应州木塔的相片。我只得笑着说阿弥陀佛，他所倾心的幸而不是电影明星！这照相馆的索价也很新鲜，他们要一点北平的信纸和信笺作酬金，据说因为应县没有南纸店。

时间过去了三年让我们来夸他一句“有志者事竟成”吧，这位思成先生居然在应县木塔前边——何止，竟是上边，下边，里边，外边——绕着测绘他素仰的木塔了。

通讯一

……大同工作已完，除了华严寺外都颇详尽，今天是到大同以来最疲倦的一天，然而也就是最近于首途应县的一天了，

词语在线

详尽：详细而全面。

十分高兴。明晨七时由此搭公共汽车赴岱，由彼换轿车“起早”，到即电告。你走后我们大感工作不灵，大家都用愉快的意思回忆和你各处同作的畅顺，悔惜你走得太早。我也因为想到我们和应塔特殊的关系，悔不把你硬留下同去瞻仰。家里放下许久实在不放心，事情是绝对没有办法，可恨。应县工作约四五日可完，然后再赴X县……

通讯二

昨晨七时由同乘汽车出发，车还新，路也平坦，有时竟走到每小时五十哩的速度，十时许到岱岳。岱岳是山阴县一个重镇，可是雇车费了两个钟头才找到，到应县时已八点。

离县二十里已见塔，由夕阳返照中见其闪烁，一直看到它成了剪影，那算是我对于这塔的拜见礼。在路上因车摆动太甚，稍稍觉晕，到后即愈。县长养有好马，回程当借匹骑走，可免受晕车苦罪。

今天正式的去拜见佛宫寺塔，绝对的Overwbelmlng，好到令人叫绝，喘不出一口气来半天！

塔共有五层，但是下层有副阶（注：重檐建筑之次要一层，宋式谓之副阶）上四层，每层有平坐，实算共十层。因梁架斗栱之不同，每层须量俯视，仰视，平面各一；共二十个平面图要画！塔平面是八角，每层须做一个正中线和一个斜中线的断面。斗栱不同者三四十种，工作是意外的繁多，意外的有趣，未来前的“五天”工作预算恐怕不够太多。

塔身之大，实在惊人，每面三开间，八面完全同样。我的第一个感触，便是可惜你不在此，同我享此眼福，不然我真不

词语在线

剪影：①照人脸或人体、物体的轮廓剪纸成形。②指剪影作品。③比喻对于事物轮廓的描写。

名师点评

梁思成在信里惋惜林徽因没有眼福看到应县木塔，而且是第一感触，可见梁思成对林徽因的深厚感情。

知你要几体投地的倾倒！回想在大同善化寺暮色里同向着塑像瞪目咋舌的情形，使我愉快得不愿忘记那一刹那人生稀有的由审美本能所触发的锐感。尤其是同几个兴趣同样的人在同一个时候浸在那锐感里边。士能忘情时那句“如果元明以后有此精品我的刘字倒挂起来了”，我时常还听得见。这塔比起大同诸殿更加雄伟，单是那高度已可观，士能很高兴他竟听我们的劝说没有放弃这一处，同来看看，虽然他要不待测量先走了。

应县是一个小小的城，是一个产盐区，在地下掘下不深就有咸水，可以煮盐，所以是个没有树的地方，在塔上看全城，只数到十四棵不很高的树！

工作繁重，归期怕要延长很多，但一切吃住都还舒适，住处离塔亦不远，请你放心。……

通讯三

士能已回，我同莫君留此详细工作，离家已将一月却似更久。想北平正是秋高气爽的时候。非常想家！

像片已照完，十层平面全量了，并且非常精细，将来誊画正图时可以省事许多。明天起，量斗栱和断面，又该飞檐走壁了。我的腿已有过厄运，所以可以不怕。现在做熟了，希望一天可做两层，最后用仪器测各檐高度和塔刹，三四天或可竣工。

这塔真是个独一无二的伟大作品，不见此塔，不知木构的可能性，到了什么程度。我佩服极了，佩服建造这塔的时代，和那时代里不知名的大建筑师，不知名的匠人。

这塔的现状尚不坏，虽略有朽裂处。八百七十余年的风雨它不动声色的承受。并且它还领教过现代文明：民十六七年间

词语在线

秋高气爽：秋天天空晴朗明净，气候凉爽宜人。

不动声色：内心活动不从语气和神态上表现出来，形容态度镇静。也说不露声色。

冯玉祥攻山西时，这塔曾吃了不少的炮弹，痕迹依然存在，这实在叫我脸红。第二层有一根泥道栱竟为打去一节，第四层内部阑额内尚嵌着一弹，未经取出，而最下层西面两檐柱都有碗口大小的孔，正穿通柱身，可谓无独有偶。此外枪孔无数，幸而尚未打倒，也算是这塔的福气。现在应县人士有捐钱重修之议，将来回平后将不免为他们奔走一番，不用说动工时还须再来应县一次。

词语在线

无独有偶：虽然罕见，但是不只一个，还有一个可以成对儿（多用于贬义）。

某县至今无音信，虽然前天已发电去询问，若两三天内回信来，与大同诸寺略同则不去，若有唐代特征如人字栱（！）鸱尾等等，则一步一磕头也要去的！……

通讯四

……这两天工作颇顺利，塔第五层（即顶层）的横断面已做了一半，明天可以做完。断面做完之后，将有顶上之行，实测塔顶相轮之高；然后楼梯，栏杆，格扇的详样；然后用仪器测全高及方向；然后抄碑；然后检查损坏处，以备将来修理。我对这座伟大建筑物目前的任务，便暂时告一段落了。

今天工作将完时，忽然来了一阵“不测的风云”。在天晴日美的下午五时前后狂风暴雨，雷电交作。我们正在最上层梁架上，不由得不感到自身的危险，不单是在二百八十多尺高将近千年的木架上，而且紧在塔顶铁质相轮之下，电母风伯不见得会讲特别交情。我们急着爬下，则见实测纪录册子已被吹开，有一页已飞到栏杆上了。若再迟半秒钟，则十天的功作有全部损失的危险，我们追回那一页后，急步下楼——约五分钟——到了楼下，却已有一线骄阳，由蓝天云隙里射出，风雨雷电已

名师点评

这句话将风雨雷电拟人化，使其显得活泼可爱，文章因此更加生动形象。

全签了停战协定了。我抬头看塔仍然存在，庆祝它又避过了一次雷打的危险，在急流成渠的街道（？）上，回到住处去。

我在此每天除爬塔外，还到××斋看了托我买信笺的那位先生。他因生意萧条，现在只修理钟表而不照相了。……

这一段小小的新闻，抄用原来的通讯，似乎比较可以增加读者的兴趣，又可以保存朝拜这古塔的人的工作时印象和经过，又可以省却写这段消息的人说出旁枝的话。虽然在通信里没讨论到结构上的专门方面，但是在那一部侦探小说里也自成一章，至少那××斋照相馆的事例颇有始有终，思成和这塔的姻缘也可算圆满。

词语在线

有始有终：指做事能坚持到底。

关于这塔，我只有一桩事要加附注。在佛宫寺的全部平面布置上，这塔恰恰在全寺的中心，前有山门，钟楼，鼓楼东西两配殿，后面有桥通平台，台上还有东西两配殿和大配。这是个极有趣的布置，至少我们疑心古代的伽蓝有许多是如此把高塔放在当中的。

（初刊于1933年10月7日《大公报·文艺副刊》第5期，署名林徽音）

品读赏析

作者在这一篇论文中，紧紧围绕古代艺术和民族的关系展开论述。开篇首句点明主题：在国家民族危难之时，听到“古代艺术的消息”，也“只感到说不出口的难受”，作者对古代艺术保护问题的忧虑溢于言表。作者在文章后面附上梁思成的四封书信，借信件内容向世人展示了古建筑的非凡，表达了作者和丈夫保护古建筑的迫切愿望。

独一无二　亵渎　秋高气爽　不动声色　无独有偶　有始有终

· 艺术是未曾脱离过一个活泼的民族而存在的；一个民族衰败湮没，他们的艺术也就跟着消沉僵死。

· 中国建筑的演变史在今日还是个灯谜，将来如果有一天，我们有相当的把握写部建筑史时，那部建筑史也就可以像一部最有趣味的侦探小说，其中主要的人物给侦探以相当方便和线索的，左不是那几座现存的最古遗物。

· 我们正在最上层梁架上，不由得不感到自身的危险，不单是在二百八十多尺高将近千年的木架上，而且紧在塔顶铁质相轮之下，电母风伯不见得会讲特别交情。

· 若再迟半秒钟，则十天的功作有全部损失的危险，我们追回那一页后，急步下楼——约五分钟——到了楼下，却已有一线骄阳，由蓝天云隙里射出，风雨雷电已全签了停战协定了。

思考练习

1. 作者得到了哪一古建筑的消息？
2. 梁思成等人在考察、测绘古建筑时都遇到了什么困难？

现代住宅设计的参考

十九世纪末，出于营业目的而建造的房屋，经营者丝毫不考虑租户的生活需要，所以也便没有设计可言，导致房屋拥挤、呆板，使得人们的生活极不便利。但是随着时代的进步，到了林徽因所在的时代，很多国家对人民的住宅问题越来越重视，所以住宅设计便显得尤为重要。作者在文中举了几个城市的案例作为参考资料，那么这些城市的住宅都是怎么设计的呢？

一、美国印第安那州福特魏茵城五十所低租住宅

二、英国伯明罕市之住宅调查

三、美国伊里诺州数组“朝阳住宅”的设计及实验

四、美国 TVA 之“分部组合住宅”（Sectional House）

住宅设计在半世纪前，除却少数例外，都是有产阶级者私人的经营，不论是为自用或为营业。自用的，除却解决实际生活需要之外，还存为着娱乐自己，或给儿孙体面的目的，所以建屋常是少数人的奢侈。营业的则既为着利润的目标而建造，经营者常以若干面积造若干所，每所包含若干固定形式的房间

来估计。他们决不枉费心思为租户的生活城市的卫生，人口或交通设想的。在贫富情形不同的区域里都有相当于那区域生活程度的普通住宅出赁。这些房屋只保守着拥挤的行列，呆板的定型及随俗的装饰标准。他们极少在美术上努力，也极少随着现代生活的进展去取得科学的便利，更没有事先按着租户的经济能力为他们设计最妥善的住宅单位。

现在的时代不同了，多数国家都对于人民个别或集体的住的问题极端重视，认为它是国家或社会的责任。以最新的理想与技术合作，使住宅设计，不但是美术，且成为特种的社会科学。它是全国经济的一个方面，公共卫生的一个因素，行政上一个理想，也是文化上一个表现。故建造能给予每个人民所应得的健康便利的住处，并非容易达到的目的。它牵涉着整一个时代政治理想及经济发展的途径以及国际间之了解与和平。但如同其他我们所企望的目的一样，各国社会上总不免有许多人向着那个目标努力。尤其是现在在两次世界大战之后，各国都企望着和平，都认为是眼前必须是个建设的时代，这时代并且必须是个平民世纪，为大多数人造幸福的时期的开始。

名师点评

这里运用排比的修辞手法，加强了语言的气势和表达效果，突出了建房问题的重要性。

向着这个理想，解决人民健康住宅的目标前进，先需要两种努力。一、是调查现存人民生活习惯及经济能力。每城每市按着他们的工商农各业的倾向，估计着他们人口职业的特点及能量，对已有的交通，已有的公共建筑，已有的卫生工程设备，及已有的住宅，作测量调查及统计。然后检讨各方面的缺憾与完满的因素，作为实际筹划的根据。二、是培养专家，鼓励科学工程及艺术部署的精神，以技术供应最可能的经济美丽且实用的建造，也使国家人民各方设计的途径相互呼应，综合功效，造成完美的城市。

这种努力，在英美两国也不过有极短期的历史。上次大战的前后建设倾向还是赓续十九世纪末叶工业机器畸形发展的能力，没有经过冷静的时间，一切建设发展过分蓬勃常是顾此失彼，不但互相妨碍，且常彼此冲突。不正常的经济压迫及无秩序的利益争夺使得合理清醒的统筹无从产生，直到城市住处——本来该是为健康幸福而设备的——反成了疾病罪恶的来源——如工业区的拥挤，贫民窟的形成等等——最近才唤醒了英美各国普遍的注意。

词语在线

顾此失彼：顾了这个，顾不了那个。

根深蒂固：比喻基础稳固，不容易动摇。

因为英国是个根深蒂固的资本主义国家，不能剧烈的以社会主义的经济立场来应付这种问题，所以市政上的改善，除却一部分为交通工程的建设外，现在一部分直属于公共卫生部，以公共卫生的立场来改善住宅及区域。美国则因为是商业自由极端发达的国家，故改善市区房屋或开辟住宅新区，常以商业方法来经营。所谓房产公司的势力可以支配着许多区域的进步，也可以阻碍许多区域的改善。因此政府常要处于指导地位。故纠正错误及恶劣的街道与房屋，或由地方催促政府通过便利的法案，或由政府催促地方的协助，多数仍由经济团体来完成的。

我国的情形与英美都不相同，但在建设初期，许多都要参考他国取得经验与教训。美国虽为大富之国，但直到现时尚有一个庞大数目的人民没有适当住处，最新技术常以最便利、最经济为目的。我们在这方面仍然可以采取他们的许多实验作为参考。但因天气、环境、生活、材料、人工物价的不同，许多模范我们也还要有适当的更动始能适用。英国近年对旧有拥挤穷苦的区域曾经不断做繁细详尽的调查。这种工作的目的在避免设计之过于理想无法切实实行，或虽实行而所害更甚于所便。我国一般人经济上皆极贫困，旧有住宅又多已不合现代卫生，如何改善，更是必须之务。我们如能效法英国在这方面的努力，必可避免许多不妥善的尝试，而采用许多简便而合理的办法。

无论如何，改善住宅的主要事项，如住宅内部的合理分配，外部的艺术形体，住区与工作地点的联络关系，住区每平方公里内的人口密度，如何取得绿荫隙地，如何设立公共设备，及如何使租金与房屋造价及人民经济配合等等，则是各国同样的。虽然如何能合理的解决这些问题，各国各城会有特殊的便利或困难，但互相参考办法与技术，可以俾益各地个别设施，仍是无可疑问的。

本文这里所选择的参考资料都是经过各国实验过的佳例。匆促里不及作有秩序的安排，仅凭材料来到的先后及其本身兴趣与价值逐项介绍。至于我国对于这一些建设是否有采访的可能及我国环境与每项所述他国情形有何显著的异同，在可能范围内，笔者均作简单的评论及提示附在后面。

一　美国印第安那州福特魏茵城（FORT WAYNE，INDIANA）五十所最小单位贫民住宅的实验

美国是个商业自由的国家，许多社会性的事业都用商业方式来解决，不直接将经济负担加在政府或任何慈善团体上。许多有关人民福利的建设，不单是由于伤感或慷慨，却是因市中经济与卫生的需要用最有效的实际方法来应付并长期维持。所以许多低廉租金平民住宅的试验都是由政府提倡，根据着法律，由地方协助，用商业方式来建造及处理的。

一个试验　根据一九三八年美国联邦政府住宅管理处所发表的一个报告，清理贫民区及为最低收入的人民建筑住所，不

是这管理处直接的职责，可是因为住宅管理处这机关是由于用抵押贷款营业办法来协助改善一般的住所情形，且倚借这种经营来维持它本身的经济独立，所以它不能不注意到美国各城区中最不堪的地带。这种地带影响到房产地价，且此带贫民每年医药、燃料、衣食的救济靡费全市税收极巨的一部分，间接成为其他住户的税额的负担，所以住所管理处开始调查恶劣的住所情形，协助任何合法团体利用管理处这抵押贷款算法来改善贫民住处。

词语在线

抵押：债务人或第三人不转移对财产的占有而将该财产作为清偿债务的保证。

福特魏茵城　这一个试验是在印第安那州中一个小城福特魏茵实行的，用减债基金抵押贷款方法完成了五十所，每所每周租金为 2.50 美元的住宅。他们相信虽然改善贫民住宅所遇到的问题是全国性的，其解决方式则需要各区特殊的应付。但福特魏茵的试验得到极好的效果大可以作为一个市镇自身努力解决这种住宅的佳例。且因其他市政府或团体对此种设施有同样的兴趣，所以管理处特别将这次福特魏茵（以下简称魏城）试验建造贫民住宅的始末，以详细描述的方法印成册子公布。

人民情形　魏城是个西方中部的工业城市，人口约为十二万五千人。城中一般住所情形比各处平均水准稍好，住宅之半数为住户自己的产业，与美国其他城市相同，只有少数——约百分之五——的人民住在公寓里，大部的住宅为单门独户的，全市贫民救济费每年达五十余万元，其中四十余万元为救济贫者的粮食、燃料及衣物，公共卫生费为十万元，津贴贫者房租约一万元，无家者之救济费约三万元。

住屋情形　据调查，魏城一万六千所住处中有九百所没有自来水，二千七百所内没有私家室内的卫生厕所，四千六百所没有沐浴设备，所以公共救济费的重负有一部分是住宅情况所使然的结果显然有它的根据。

改善目标及办法 改善住所的水准是要直接减轻救济费的数目，但如果只拆去最恶劣的破屋，是不会有助于实际情形的。因为在低租金的一堆房子中本已患住户过挤的情形，如果再减去现存之若干房屋，则拥挤的情形更将增加。所以这里的改善必须添造。直至恶劣住屋中有了空出的现象时才能将这种不堪居住的房屋拆毁。

名师点评

这里体现出作者考虑问题毫不脱离实际，而是将穷人的疾苦放在首要位置。

最需要改善也最可能因改善而减低地方救济负担的自然是那九百所没有自来水设备的住屋。其次为那二千七百所没有卫生厕所的住房，再次为那四千六百所没有沐浴设备的房子，但不知有若干住所单位因为漏的屋顶及漏风的墙壁直接增加了地方燃料救济费。所以在节省救济经费的立场上改善住所则必须添造温暖而严密附带着自来水及卫生设备的房屋。且租金必须是那些不能享受这些便利的家庭所能担负的。

合实际的租额 据实际调查，这些家庭所费租金，最高为每月十二元，令人可注意的是这种租金并非按着房间单位计算的，而是按着住户所能出的租金总数所能交换来的房间而定，他们是不能按着他们所需要的面积或间数来租赁住处的。

针对着这问题的住宅建造的第一点，即是决定每单位住所的租金为 2.50 元；不是按月而是按每周收付租金的办法，对于这些家庭更为合适。因为他们的收入本以每周计算的。

房子形式间数及设备 虽然现时魏城的小房子多是单层木板住宅，并不证明集体多层住屋之不合适，不过考虑到受助的居民素来所习惯的生活是很重要的。

初步设计的考虑指示出独户的小住宅包含三个房间，及一浴室，以租价每周两元半为标准，最为重要。此种住屋需要现成的电线装设，且因为利用浴室设备需要教育，有热水的供应非常重要。要达到以上目标，自然要一种非常精巧经济的设计图样。且必须根据种种使这种建造可能实现的方面。

造价的预计 在租金方面如果每所造价定为九百元，用二十年抵押减债基金贷款方式付出4%的利息，$\frac{1}{2}$%的保险，则每年收入，付债息外，尚能保留维持费，由魏城市政府先设立一住宅委员会，按着印第安那州的法律住宅委员会算的房屋可以免税，因为这种经营目的在于帮贫困的人民，可以减低各种救济费的负担，所以允许此种房子免税，结果并非市政府的损失。

利用本地失业人工 在减省工价方面，委员会请求利用WPA（失业工人救济会的工人），因为这种工人即为需要这种住屋最切的主顾，所以移用救济会的工人来建造贫民住宅是最合理的。事实上因为他们觉得是为自己福利努力，他们对工作加增很多踊跃。

地皮的取得 为这种计划中的住宅寻觅适当的地皮时，发现大量的空地散处城中。有许多空地即在非常恶劣住宅的附近。其他的常散处在工业区旁边。它们在相当时期内绝无用途，只在将来如果遇到添造工厂时有可能之用的。这带空地的地主对这一时无用地皮每年还必须负担着地税。

这种一时无用的空地，如在有卫生水道工程的街道左边的，即被视为极适当的低租住宅暂时建造的地区。住宅委员会同他们的地主的接洽协定是委员会以一个象征数目美金一元暂时购取一个单位地皮来营造一所住宅，随时地主有重新购回原地之权。重新购回原地的办法是：（一）如果地主在新建屋后的第一年内要求购回地皮，则由地主付出迁移那一所新住屋再建在另一地区的全部工程费用。（二）如果地主在建屋后的第二或第三或第四年中要求购回原地，则按借出年期之长短比例，减低负担迁移费之若干。（三）直至五年以后，如果地主要求收回原地时，则仍只需美金一元购还，全部迁移住屋的工费由委员会完全担负。

这种取得地皮的办法，产生三个特点，要早预计到的。（一）因所建新屋分散城中各处适当空地，施工时因略不便，必稍费工。（二）从租金收入里除却付出贷款的减债基金还本法及利息保险外，因根据与地主借地之协定，必须保留若干款额，足够必要时作迁移重建住屋至其他地区的费用。（三）选择地点的目的有一部分必须是要使建屋之后能影响提高周围地产之价格，有利于借出空地的地主的。

这种地皮每单位包括象征之一元购价，地契价及接引自来水与下水管的费用，总数为四十美元。

词语在线

地契：买卖土地时所立的契约。

综合事况　综合以上情况，展在委员会面前的事实是：（一）委员会可以由 WPA（失业工人会）得到不必付出工价的人工。（二）委员会可以用四十美元的代价取得每个单位的地皮。（三）因所决定每所每周二百五十元的租金，用廿年典押贷款方法取得资本，所以每所住宅的工料价需定为九百美元。（四）因住屋所供应的家庭情形，需要的是建造三个房间的住宅，附有热水浴室及电线的设备。（五）这种住屋因借用地皮的协定必须用易于迁移及重建的结构。（六）因为所用的失业人工不是专门技工，所以房屋的结构工程程序必须是预先设计极为简单，使一般普通工人均可胜任的。

结构方法　这些住宅所用结构方法是根据威斯康辛省麦迪

生城联邦森林出产实验室所作的研究，及普都理工大学住屋研究系所进展的试验。

这个结构方法主要是应用“板屏”的制式（by Prefabricaled Pancls）用固定木框两面钉上薄嵌板（Plywood）（上海称夹板）制成标准大小的“板屏”（Panels），再将各屏拼聚作为墙壁，外墙与内部隔断墙所用板屏皆是 2×4 英寸的木条作框架，屋顶所用板屏则用 2×6 英寸之木条作框架，木框的两面都钉上且胶住 Phenol-résin Plywood 薄嵌板。这种屏板结构的负重力量已数倍超过一层木屋所需要的负重墙面。

名师点评

译为酚红胶合板。

制造程序 为建造这些住宅，委员会先租赁一所小工厂，这个设备即为造价之一部分支出。一切结构部分均先在厂内制造，以减少工场上的工作。工厂内简单设备只是一个数人共作的锯木床（cut-off table），为锯出标准木条及裁断木条成必要长度之用的。又另置特种“嵌板锯”（Plywood saw），用以锯出门上或窗边所用的小片嵌板等。此外即是各种“台桌”（jig tobles），在那上面可以钉制木框及铺胶嵌板，制成各面板屏的。厂内全部用失业救济会的工人。

定为制式 这种结构规律化之后，成了一种制式，共用四种板屏：（1）素壁部分（外墙或隔断墙），（2）带门的墙壁部分，（3）带窗的墙壁部分，（4）屋顶部分（见《魏城最低收入市民住宅》图）。素壁部分，每面板屏高 8 英尺，宽 4 英尺。板屏木框两面嵌板夹成的空心用石棉铺满以防止外墙敏性传达户外的冷热。屋顶板屏每面也是宽 4 英尺，但有长 16 英尺及长 24 英尺的两种，他们中间都铺上 4 英寸厚的隔冷热的石棉。每面板屏上都加上一层胶质的保护材料，将木缝填满。

词语在线

石棉：纤维状镁、铁硅酸盐矿物的总称，多为白色、灰色或浅绿色。纤维柔软，耐高温，耐酸碱，是热和电的绝缘体。

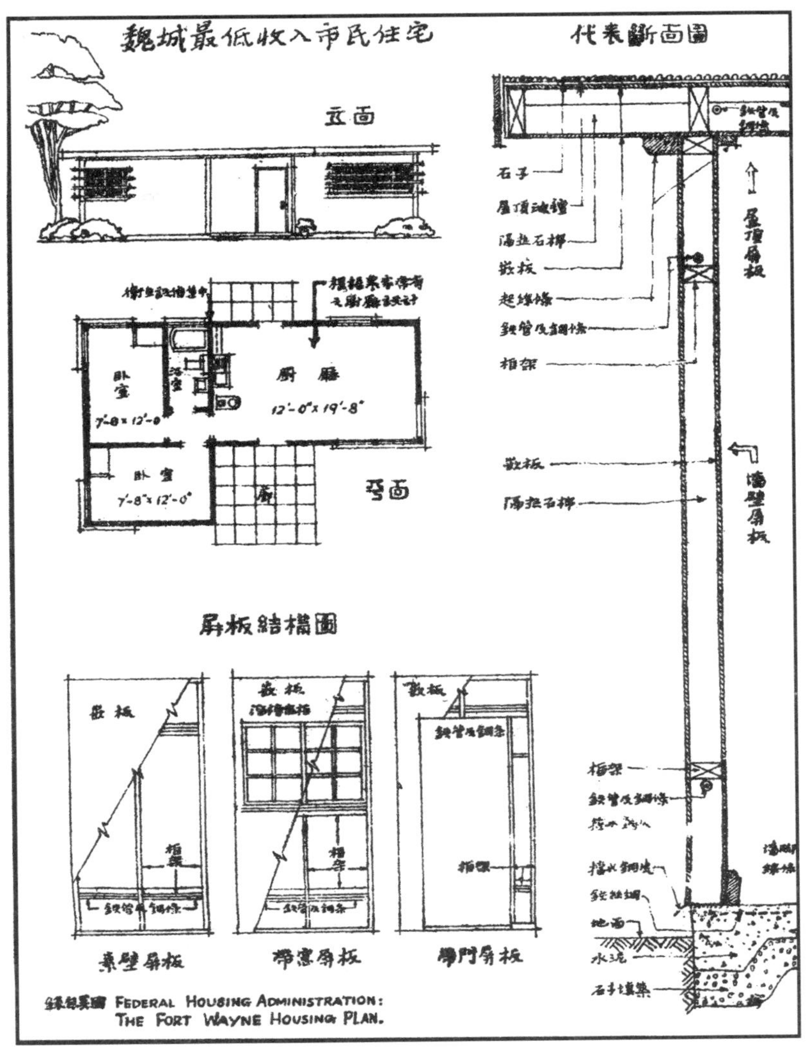

整所房子所需为二十二面素壁板屏；八面带窗板屏，五面带门板屏，及六面 24 英尺长，三面 16 英尺长的屋顶板屏。

室内地面是用铁网水泥倒在碎石夯平的地上。这种室内地面从舒适、耐用及工料价的经济立场上估计都是最为适宜的。

因为洋灰直接铺在土地上，它可以维持与土地差不多的温度，所以冬天较暖，而夏天又较凉于架空的地板结构。自来水管及下水道的粗管，均先由最近的干线接引埋在地下。粗管头在预定地点由水泥地面伸出，以备它们在上面安置室内各种卫生设备。

结构程序 各面板屏都安放在水泥的地面上，一个屋角或正角的两面先准确的安置，其它板屏便可迅速的随着安放外墙及隔断墙的板屏，带窗子的及带门的板屏，都像玩具房子的部分一样聚拢起来。各面板屏之间用某种腻子使它们拼紧，并以长钢条横贯各屏中间，联络扣紧。长钢条横着由屋的一端到他端，穿过每面板屏木条处均用铁片托住（bearing Plates），在屋角两面板屏相接处则穿出角铁（angleiron）然后纠紧。

屋顶各板屏亦同样用横贯的钢条牵住，每隔四英尺用一条钢条穿出之，两端用生铁的母螺丝（washer and nut）纠紧。此外再在每屋角用两条垂直钢条，一条由上面下来，上端钩在屋顶横条上，另一条由下面上来，底下钩在水泥地下，两钢条中间用旋紧子（turnbuckle），联接扣紧。这样全屋四角都紧牵在洋灰地面上。屋顶板屏上用保险十七年的四层石子屋顶油毡完成。

室内墙壁均有上下横条，金属装备均外露，外墙、内壁及天花顶均刷涂三重油漆，完成光滑皮面，以便于洗刷。

卫生设备 一种烧油的炉子，内中带着热水盘香管，可以供给屋内取暖，烧水及煮饭之用。它的烟囱是一整条金属的烟囱由炉上直至瓦外，这是按着便于移动重新安置的办法。烟囱四周用2英寸木棉隔热，并留2英寸距离木料的空隙（air space）以防火力的燃焦。

厨房的水道设备与浴室的水道，计划时即安置它们背向背的在隔壁相连之处。上下水道设备为一洗碗盆（sink）、浴盆、

词语在线

木棉：①落叶大乔木，高可达40米，掌状复叶，小叶椭圆形，花红色，蒴果卵圆形，内有白色纤维，质柔软，可用来装枕头、垫褥等。也叫红棉、攀枝花。②木棉果实内的纤维。

面盆、茶桶及一个30加仑的热水储藏锅。所用水管全露在壁外，以便修理。

时间 建造工程程序预定为每所住宅全体工人用一个“工作日”——即八小时——完成。结果在实际施工时，维持这个速率毫无困难。

资本及经营的办法 为这五十所住宅供给资本的办法，是分给三个商业团体来投资——两个银行及一个保险公司。三处贷款共计四万五千美元，以全部五十所房产作抵押，利息$4\frac{1}{2}\%$。虽然典押定为廿年减债基金法，因为预计的盈余利益可能改成六十年。全部房产按美国政府《住所法案》第207条中联邦政府住宅管理处将其保险。如有地主收回原地时，则将此地退出保险，另换新区一处。

魏城五十所低租住宅资本经营办法

地价每区$40象征数，上下水道地契在内		$2,000
工价W.P.A借来的人工价值		23,000
共计		25,000
典押贷款总数，全部料价及工厂设备用		45,000
竣工后全部房产估定价值		70,000
每年房租收入总数		6,500
因空闲可能损失		260
净收入共计		6,240
利息债务偿付		3,600
住屋维持费每所	$32	1,6000
每四年一次油漆		500
每十年一次换屋顶油毡		270
设备更换修理		150
保险		80

续表

管理费等		600
总付出共计		5，200
每年盈余		1，040
	百分率表	
贷款为房产估定价值之	百分之	64.3
利息债务偿付为总收入之	百分之	55.4
利息债务偿付为净收入之	百分之	57.7
维持费为净收入之	百分之	25.6
每年盈余为净收入之	百分之	16.7

如果这些住宅有了20%空闲时期，每所住屋每月收入可能减至8.66美元，但平均当以百分之四的损失计算。这五十所房屋每年的债务偿付本来约占其收入百分之五十五余。计算损失则为百分之五十八。

住户的选择 最初五十所房子建成之后，已有六百家请求预定的住户。决定选择适当的优先住户是根据着他们在请求时本来住处的不堪，急需调济程度，及有无能力付出较2.50美元更多的租金而定的。能够负担较2.50美元更高的住户及已有相当可以居住的房屋，租价亦不比2.50美元更高的住户，均暂不得迁入这些新住宅的权利。这种选择住户的工作是借力于地方社会服务团体的协助的，在某一些情形下，服务团且代住户保证房租按期的偿付。这些住屋的一切的管理事务完全由福特魏茵城住宅委员会主持。

名师点评

即“调剂”。把多和少、忙和闲等加以适当的调整。

参考提示与评论

（甲）我们有无注意低租住宅的必要

（乙）低租住宅建造的原则是什么

（丙）分析魏城试验住宅总造价低廉的因素

（丁）分析资本债息与租金的种种

（甲）我们有无注意低租住宅的必要

1. 这里魏城廉价住宅建造试验的报告，表示得非常清楚，美国小住宅研究已渐施于社会。这些住宅是以服务城中最低收入的市民家庭及改善市区的眼光来经营的。

战前中国“住宅设计”亦只为中产阶级以上的利益。贫困劳工人民衣食皆成问题，更无论他们的住处。八年来不仅我们知识阶级人人体验生活的困顿，对一般衣食住的安定，多了深切注意，盟邦各国为政者更是对人民生活换了一个新的眼光。提高平民生活水准，今日已成各国国家任务的大目标。故为追上建设生产时代，参与创造和平世纪，我国复员后一部努力必须注意到劳工阶级合理的建造是理之当然。

名师点评

作者发表这篇论文时是1945年10月，那么“八年”便是1937~1945年，正是全面抗战的八年。这八年，日本的侵略给中国造成了巨大的物质财富损失。

2. 近来后方工厂均为新创，常在郊野，少有邻近住屋，故多自附工人宿舍。复员后工业在各城市郊外正常开展的时候，绝不应仅造单身工人宿舍，而不顾及劳工的家庭。有眷工人脱离家庭群聚宿舍，生活极不正常。这个或加增城市罪恶因素，或妨碍个人身心健康，都必为社会严重问题。添造劳工家庭合理的低租住宅，附近工作地点必须为政府及工业家今后应负责任中之一种，亦无疑问。

（乙）低租住宅建造的原则是什么

上面的资料，低租住宅的建造是为收入最低阶级添设住宅。为给予他们合理的生活，救济他们的拥挤，改善他们的卫生。而先决条件，是租金定为他们所能负担的数目。换句话说，低租住宅最要紧的就是低租，住屋却又不能因低租而不合健康，或不适用于一个正常的贫民家庭。原则就是：

1. 需要连这足够一家之用，改善卫生标准，而租额是收入最低的劳工家庭所能担负的数目。

2. 这种建造经费的负担不必悉数倚赖捐助（由政府团体或私人），大部可借经常营业方式（用典押借贷办法筹到需要的资本，以租金收入来长期维持这种事业）。只在创始之时取得各方的协助（使资本的借贷部分极端减低，以节省债息的便可促成低额租金的可能）。

总的说起来，低租主要的因素有三：（一）为每单位地区工料等总造价本身的低廉。（二）借贷资本债息低。（三）造屋目的为服务，却不为赚利的营业；租金的最大作用只为维持这种住宅本身的可能及存在，租额可以减低到最小限度。

（丙）分析魏城试验住宅总造费低廉的因素

1. 地皮廉价的取得。这个借力于政府机构辅导的力量，同时也得力于有地产者实际的协助。魏城借地协定表示并不要求无条件的捐助，保留地主在必要之时收回原地之权利，且定下具体办法。地主借出无用空地可以省了地税，地产因住宅改善可以增价都是地主所得利益。但这事本身本为社会效劳，我们相信即使利益不大，地主亦不至刁难或勒索来阻碍地方改善的政策。这个美国可以办到的，在中国以后亦不应办不到。困难在还地办法牵涉了移屋，移屋办法又影响结构条件。因高度工业化的活动结构在美国可能简便而且经济的，在中国不见得能够如此。所以地皮的取得恐必须考虑其他办法。

词语在线

勒索：用威胁手段向别人要（财物）。

2. 利用政府或地方所已担负薪资的失业工人可以省掉工价。

这个我国以后是否有类此组织可供应用。变通办法如利用闲着常驻的军队，或合法微调民工等，都可以研究。

3.（a）经济的结构方法。（b）经济的面积分配。在这两方面美国都是参考大学校，及试验所专家的研究结果，且依据社会服务团体的生活调查来设计的。我国当然应该同样采取研究的方法努力多做试验。如果缺乏专家的研究，便必须鼓励产生研究的机构来配合实施设计的进行。细究魏城设计（a）与（b）两方面：

（a）在材料结构及工程方面：因中国之工业化程度与美国相去千里，各城市各地区亦各不相同，故欲效法某项特殊试验必有困难。必要时仅能采取它的原则，接受大略的指示，计划一种变通办法，利用当地固有工料方法加以科学调整，作类似的处置，最属可能，也极适宜。一味模仿工业化的材料及结构，在勉强情形下，只是增加造价的负担。

魏城试验所注重的一点，是用科学化的木料，不但尽量在工厂内先制成“结构的部分”且先制毕“房屋的门窗墙壁部分”，等候在工程地时简便的聚拢，以省人工。中国建墙的材料方法最经济的都是“泥作”、“竹作”之类，如版筑土墙，如夹泥，如干砖墙等，都比纯用木料版壁为经济。这种工程却需用人工在工程地筑造，绝不能在厂内预制的。且工程时间及人工数目都无法极端减省，能与现代木工相比。可能定为制式在厂内预制的只有门窗一类。至于屋顶最经济的构造，更需要试验及考虑。

（b）在面积分配方面：详究魏城住宅平面，可以提示三点中美生活之主要不同，以便明了我国不能完全采用近代英美现成设计图案之原因，分述如下：

1. 魏城所造是包含三个房间及一浴室的单层独立的木质小住屋，这与中国生活本无不合，但主要起居室是附带炉火设备，用以做饭的大房间，此外并无厨房，便不适于我们习惯。这个大房间的设计是以欧美农舍中所谓 Farmkitchen“农家厨厅”为蓝本的。欧美劳动阶级都习惯于在起居室里做饭，日常生活也都在这里集中。这种“厨厅”在欧洲就有几世纪的历史。它是欧美平民所习惯的居住方式，与中国生活迥然不同。

词语在线

蓝本：著作所根据的底本。

我们平民从来不以厨房为起居中心，因家族群居习惯，居处多以院落为单位，厨灶总是处于室外，室后或院中角隅的地位。生活中心的堂屋或厅，另有祭祖礼法的背景。虽然实际上亦即聚食操作的地点，堂及厅的性质总有婚丧庆贺，戚友来往的礼节意义，不是专为起居而设，更不是设灶地方。我们烹调方式使贫户仅有一室的时候，灶火也常设在门外。

所以英美小住宅将厨厅合以为一的设计是绝对不合我国的适用。通常他们中产阶级因不常用佣工，在餐室内设新式电灶，附带备餐的简便办法，更非我们所习惯。故近代英美面积经济的各级住宅平面分配十之八九均不合中国之用。

2. 魏城住宅如同美国一般住宅一样，有治安上的保障。四面临街之处均可不用围墙。这点在中国可是一种困难。以围墙周绕以保安全是我国住宅通常的设备。但围墙周绕，如不加增地皮的面积，便使房子狭迫，视线短促。且围墙的造价占了小住宅总造价里一个极大百分率，要维持租价与造价间一个不变的百分率时，则因围墙的造价租价也需要增加许多。这个考虑要从市政治安上入手，根本解决。折衷办法是使房子一面或两面临街以节省围墙。但如此已是与改进的分离独立住屋的倾向相背而驰，仍不能令人满意。

名师点评

现写作“折中”，意思是对几种不同的意见进行调和。

3. 卫生设备问题：魏城因利用市中已有之卫生工程干线，故引接上下水道所费无多。中国许多城市小街深巷过多，可以建屋之地区可能距离大街干线甚远，如遇有这种情形，市府方面应极力协助改善，不应将接引的工料价负担加在住宅造价之上。室内浴盆热水恭桶等设备，因美国之工业化程度甚高，可以廉价取得，在中国这些设备以后是否仍为用外汇的奢侈品，及能以如何价格自制，一时尚无把握可以预计。如果室内卫生设备暂不可能，则代替这种设备的室外处置方法必须要附属小建筑物。如何计划这种附属廊屋，使合乎卫生实用要求而又经济，也是我国的特殊问题，需要新的解决方法。在平面的总面积上，工业化的程度愈高，面积愈小，所以中国的低租住宅的面积很难不较英美新式的略大。

（丁）分析资本债息与租金的种种

1. 这五十所住宅的建造目的是为服务，不在赚利，租金的收入数目最大作用只是为偿付贷款的债息，此外仅保留若干维持费。贷款的数目愈低，租金亦可能愈低。故在资本方面，他们设法使借贷款额减少，以不用付款的许多实际便利来协助完成。同时它仍是一种正式营业，用廿年典押方式，用租金收入偿付债息，留出盈余维持管理。二十年后归政府机构所有。政府设此集中的机构来辅导改善住宅的任务，亦便借此种合法营业，正当的盈余，长期维持它的力量。一切可不借社会偶然慈善事业。

中国以后亦应由政府倡导辅助地方进行，不在赚利，却足维持其本身的房屋经营，以便市民，且抑制市上高价的营业住屋的垄断。但为最低收入阶级建造，在中国则租金所入绝不足偿付资本，极不易成为一种“营业”，必须借义务的协助才能办理。

2. 他们取得资本的途径是由政府领导，地方协助，商业团

词语在线

垄断：《孟子·公孙丑》：“必求垄断而登之，以左右望而罔市利。”原指站在市集的高地上操纵贸易，后泛指把持和独占。

体来投资，以商业正常方式取息，这一点我国当然亦可同样办理。但在中国，即使地皮等一切条件均相同，三间可住的房屋最低造价，在正常时期，各城市均不止九百元，而中国最低收入的劳工家庭每月可以负担的租金，在战前约为国币三元。房租每年收入数绝不足偿付资本之债务。故如何调整，必须其他办法。一部分资本恐必须由团体捐助。各工厂可能有负担工人"福利住宅"开办费之规定等帮同完成。

3. 虽然第一批五十所造成时已有六百家预定名单，市府秉公，不但不因此加增租价，且在定户中选择不能负担 2.50 美元以上租金之家庭为优先赁主，决不变动决定的租额，亦即不变为何种等级家庭解决住处的目标，此点极为重要，主持者必须注意。

4. 保留足够管理及重修的费用，如定每若干年重漆，若干年更换新屋顶一次等规定，即是维持住屋正常合用的状况。能长期维持就是不至损失住户，使住屋空闲的保证亦即收入损失的保障。中国办事常有始无终，在这种地方，极宜效法英美办理事业耐久性质的谨慎处置。

第二项参考资料　英国伯明罕市之住宅调查

（一）关于调查

（二）伯市发展的历史

（三）研究所得的实况统计

（四）原则的提议

（五）参考提示

（一）关于调查

伯明罕市（Burmingham）是伦敦之外英国第一位的大城

市。市区面积达五万余英亩，人口一百零四万八千。它是英国市政改善最早的一城；开了捐拨地产创辟公园和清除“贫民窟”（slum）的先例。

1941 年，当英国在世界大战里尚在吃紧阶段时，伯明罕市的波恩维尔新村信托公司（Bournville Village Trust）住宅研究会便将他们费时三年的伯市住宅实况的调查全部发表。书名为《再建之时》（*When We Build Again*），内附表格，照片，插图，统计图解及地区图等。这个报告对全城住宅情况的各方面无所不包括无所不详细。全书用了简单清晰的分析，指出各区房屋在一切方面对于居民生活实况的适应，与矛盾程度，作为将来建设时改善的指南。这虽为伯明罕市本身的特殊情形，但一切研究与分析的方法，则是普遍可以适用于任何旧城，以和缓调整政策为前提的改善计划。

名师点评

指第二次世界大战(1939年9月1日~1945年9月2日)。

伯市虽曾自豪，且仍可以自豪，它是英国最努力进步的工业大城，在第一次大战之后至第二次大战之前约二十年中，共添造了 104，881 所住宅，但他们却得到一个痛心的教训。用了庞大的代价，他们换得一个醒悟。他们恍然觉悟当时急于解决住处，缺乏全市之间及市郊乡之间的“统盘市镇计划”的失算。研究会坦白的承认：因当时所有计划每次之限于一地一区的过于“消极性”，致使今日“损失并毁坏了许多可贵的绿郊隙地，全城发展的紊乱竟直接危害于国家应有的福利”。换句话说二十年来“个别改善”的努力，由今天科学化的鸟瞰看来，已大明了他的错误。筹划上缺乏总纲领产生畸形及矛盾的局面自在意中。各区各业生活及交通的要求互相抵触缺乏呼应的时候，自然只得到更大的不便，留下严重的教训，如果改善人民住处只是“个别改善”的住宅建筑活动，则所有努力不但积极

词语在线

鸟瞰:①从高处往下看。②事物的概括描述（多用于文章标题）。

的不能在全市合理组织中尽职，连消极的解决每个住户的方便也都成了失败。

调查的意义

所谓波恩维尔信托公司（Bourmville Trust）即是著名世界的卡德伯里可可糖果工厂（Cadbury Chocolate Com-pany）主人所创设的波恩维尔住宅新村组织所扩大的建造住宅的机构。是不断对市政有贡献的私人团体。

远在1935年，它的住宅研究组，对于伯明罕市发展趋势，就感到忧虑，决定进行一种有计划的实况调查。这调查历时三年，以劳工及低薪资市民住的状况为主要研究对象，同时审查住宅区以往与工业区及郊区的关系，如全市扩展之利弊及住户密度增消的缘由及办法。换一句话说，就是要研究住宅的问题症结所在。

这种调查是根深蒂固民主主义国家的动态；民主国对私有产业权利必须保留尊重，不肯横加统治，而同时进行又是社会性的改善计划时，则所先做的一件事，必会是详细的调查。一切实况由专家团体的调查得以大明，提供当局及社会参考，然后法律的合理制裁，科学的缜密计划，社会的踊跃合作才得以产生。这是艰难的，和缓的，但确合实际的改善的调整，目的在经由演变向着市镇的完善。这种调整的性质与受过剧烈破坏大部后重建的市镇计划不同，与在社会主义下发展新区，创立城市作崭新建造试验的自然也不同。但今日世界在建设之时，这几种趋向的努力都必须注意及明了，因为我们都有参考他们的必要。

词语在线

缜密：周密；细致（多指思想）。

调查的内容

波恩维尔研究组的调查，为统计的清晰起见，分伯市环绕的为三个围城中心。内围及外围。各种住宅情况都划入这三个不同地带中互相比较。因为中心为最早旧有之市镇，街道狭迫经工业革命的突袭骤成拥挤错乱的区域，多不堪居住的房屋，及突兀丑恶的工厂。内围发展在1911年前后，外围则发展在1918年以后，情况因社会的努力，各围愈后愈见良好，密度也逐渐减轻。同时因东西南北各区域的工商业情形不同，住宅调查也将住宅划在七个市区下研究（见图一）。

这个调查对房屋本身的各种统计及其租金之外（见表一、表二、表三、表四）社会性的资料如（1）劳工市民由家中到工作地的往返时间与费用（见表五、表六、表七）；（2）百分之若干工人可以回家中餐（见表八）；（3）市区内公园面积与人口之比率（见表九、表十）；（4）儿童户外活动及游戏在何种地方（见表十一）；（5）若干住宅前后小圃要经常整治，表示事实它们是否为住户所需要（见表十二、表十三）；（6）若干住户愿意保留原来住处及他们的理由（见表十四、表十五、表十六），这些方面都取得正确的统计以增加事实的了解。

同时这报告先将伯明罕市的演变历史，如各时期社会及政府对市府的态度和努力，议会各次所通过的法案，及地方上各次所实行的调查和建设都作了简单的叙述。这一段历史非常有趣，可以代表一个现代城市的传略，可以增进社会人士对市镇的了解。

调查目的

这个调查的主要目的是：

（a）现时住宅的一切状况。

（b）1919年以后所努力进行的扩展市区计划，它的结果到底如何？

（c）据实际所得材料有何结论可以指示将来设计的倾向或宗旨？

词语在线

突兀：①高耸的样子。②突然，出乎意外。

宗旨：主要的目的和意图。

调查方法 研究组利用许多公共卫生及户口调查的统计，但主要倚借自己实际的调查。调查分两部测量及访问工作。

（甲）测量

测量分两段：

（一）详细的住宅及住区测量。

（二）普通测量，指示以伯明罕市为中心的四郊发展。

这是在六英寸比例尺的地方地图上标出已经建屋的地区，现在工厂位置及永久的空隙，如公园等地区。整个面积包括1100方英里。因为这项研究计划的目的也注意“乡区”（Regional）整体的组织，不但注重“市区”而已。这部分工作着重给计划地区时做参考，预先保留各种地区的用途，为此后五十年内的新陈代谢一旦演变及发展定出有系统的途径，不至紊乱互相抵触。

名师点评 从这里可以看出，作者考虑得很长远。

（乙）访问工作

注重在取例的逐户调查。他们按着公共卫生部所给予工人住址，每三十五家工人住处中巡视一家。二十九位有经验的社会服务人员共同参观了7161所劳工居民的住处。访问员将预先计划好的问答表格，在参观住户时填写。调查后经手人立刻将这表格交给专家，划在三个围域及七个市区下综合分析，要知道伯市百分之八十强为工人，所以他们的住宅是全市住宅的主要问题。调查住户时必须同住户中之主要负责人问答（三分之一的访问必须同男主人问答），如果所访住屋空寂无人，经三次访问后仍然没有住户或不得接待时，则可另访距离此屋最近的一家，但必须与原来访问住址在同一街的旁边，以避免牵涉不正确的其它因素，改访他户必须在访问原址三次失败之后的原因，是免得遗漏整日必须外出工作的住户。如果房屋已改成

词语在线 遗漏：应该列入或提到的因疏忽而没有列入或提到。

工厂或公司办事处，访问员仍须访问看守人，因为可能看守人的住家问题就需要考虑。

在访问时最需要的是引起住户的兴趣，自动的合作。故在访问之始，先就解释访员们代表一个研究住宅的组织，在努力调查伯明罕全市住户的需要，他们希望将关于住宅的几种实况请教于选出的住户。

问答表格分两种：

（一）主要问题的问答表。此表分前后两面。

（二）愿望问答表，亦分前后两面。

主要问题回答表（前面）

<table>
<tr><td colspan="12">BOURNVILIE 新村信托公司——研究组住宅调查表</td></tr>
<tr><td colspan="7">区 4　次区 11</td><td colspan="5">编号 3601</td></tr>
<tr><td colspan="7">市有地产　1937 年 11 月 19 日</td><td colspan="3">单独住宅</td><td>住宅公寓
市 私 公</td><td>合坊公寓
市 私 公</td></tr>
<tr><td colspan="5">住户姓名 A.B.Cee.
地址 13 The Cincle</td><td colspan="2">调查时间
始 7：30
终 7：40</td><td>市
✓</td><td>私</td><td>公</td><td colspan="2">厨厕自用
厨厕合用　地面
地面
附铺面　否</td></tr>
<tr><td colspan="5">何时迁入？　1928</td><td colspan="2">若是房客</td><td colspan="5">每周租金　分租收入
地方租及水在内 15/2　无</td></tr>
<tr><td>房屋年龄</td><td>战前</td><td colspan="2">1921—31
✓</td><td>1931—37</td><td colspan="2" rowspan="2">若是主人</td><td colspan="5" rowspan="2">还付
年付地方税及水费
地税年付</td></tr>
<tr><td colspan="5">住宅内家庭户数　1</td></tr>
<tr><td>房间数
5</td><td>起居室
2</td><td>厨
—</td><td>杂
1</td><td>浴
1</td><td>卧室
3</td><td>是否部分</td><td>分租</td><td>是</td><td>否
✓</td><td>有家具</td><td>无家具</td></tr>
<tr><td colspan="12">庭　园</td></tr>
<tr><td colspan="7">有园？✓</td><td colspan="5">无园？　房外另置庭园</td></tr>
<tr><td colspan="2">爱园？
✓</td><td colspan="2">不爱园？</td><td colspan="3">情形
好 ✓　平　劣</td><td colspan="3">爱园？</td><td>不爱园？</td><td>有　无
　✓</td></tr>
<tr><td colspan="12">六十岁以上老人详情</td></tr>
<tr><td colspan="2">配偶</td><td colspan="2">每周收入</td><td colspan="3">收入性质</td><td colspan="3">小住宅？</td><td>何处？</td><td>何故？</td></tr>
<tr><td colspan="2"></td><td colspan="2"></td><td colspan="3"></td><td colspan="3"></td><td></td><td></td></tr>
<tr><td colspan="12">注意——以上各项必须亦在背面各栏中照所需填入。
附言
房客认为满意，但称潮湿为憾。</td></tr>
</table>

主要问题回答表（背面）

<table>
<tr><td colspan="2" rowspan="3">关系
（受访问人x，
户主如非丈夫
作“H”）</td><td rowspan="3">年龄</td><td rowspan="3">职业</td><td rowspan="3">登记否</td><td rowspan="3">夜工</td><td rowspan="3">失业</td><td rowspan="3">雇主及工作地</td><td rowspan="3">区</td><td rowspan="3">在职年月</td><td rowspan="3">雇主职业性质</td><td rowspan="3">由家至工作地距离</td><td colspan="5">全日工作（以最近一日为例）</td><td rowspan="3">每周交通费</td></tr>
<tr><td colspan="3">早　程</td><td rowspan="2">每日交通费</td><td rowspan="2">中午交通费</td></tr>
<tr><td>离家</td><td>报到</td><td>交通工具</td></tr>
<tr><td></td><td></td><td></td><td></td><td></td><td></td><td></td><td></td><td></td><td></td><td></td><td></td><td></td><td></td><td></td><td></td><td></td><td></td></tr>
<tr><td></td><td></td><td></td><td></td><td></td><td></td><td></td><td></td><td></td><td></td><td></td><td></td><td></td><td></td><td></td><td></td><td></td><td></td></tr>
<tr><td rowspan="9">有收入者</td><td></td><td></td><td></td><td></td><td></td><td></td><td></td><td></td><td></td><td></td><td></td><td></td><td></td><td></td><td></td><td></td><td></td></tr>
<tr><td></td><td></td><td></td><td></td><td></td><td></td><td></td><td></td><td></td><td></td><td></td><td></td><td></td><td></td><td></td><td></td><td></td></tr>
<tr><td></td><td></td><td></td><td></td><td></td><td></td><td></td><td></td><td></td><td></td><td></td><td></td><td></td><td></td><td></td><td></td><td></td></tr>
<tr><td></td><td></td><td></td><td></td><td></td><td></td><td></td><td></td><td></td><td></td><td></td><td></td><td></td><td></td><td></td><td></td><td></td></tr>
<tr><td></td><td></td><td></td><td></td><td></td><td></td><td></td><td></td><td></td><td></td><td></td><td></td><td></td><td></td><td></td><td></td><td></td></tr>
<tr><td>成人</td><td></td><td colspan="15"></td></tr>
<tr><td></td><td></td><td colspan="15"></td></tr>
<tr><td></td><td></td><td colspan="15"></td></tr>
<tr><td></td><td></td><td colspan="15"></td></tr>
<tr><td rowspan="6">无收入者</td><td rowspan="2">儿童</td><td></td><td colspan="5">昨日空闲时间</td><td colspan="3">星期……</td><td colspan="3">天气</td><td>晴</td><td colspan="3">小雨　　大雨</td></tr>
<tr><td></td><td colspan="5">游戏时间</td><td colspan="3">地点</td><td colspan="3">距家距（里）</td><td colspan="4">行程所需时间</td></tr>
<tr><td></td><td></td><td colspan="5"></td><td colspan="3"></td><td colspan="3"></td><td colspan="4"></td></tr>
<tr><td></td><td></td><td colspan="5"></td><td colspan="3"></td><td colspan="3"></td><td colspan="4"></td></tr>
<tr><td></td><td></td><td colspan="5"></td><td colspan="3"></td><td colspan="3"></td><td colspan="4"></td></tr>
<tr><td></td><td></td><td colspan="5"></td><td colspan="3"></td><td colspan="3"></td><td colspan="4"></td></tr>
</table>

户主
（男性）生地　何时来到 Birmingham?

主妇（或女户主生地）
何时来到 Birmingham?
调查人

愿望表（前面） **总号 1650**

Bournville 新村信托公司

研究部

姓名 Mr.X.Y.Z.

地址 IO.the square.

1. 下面是可能的十二个原因，使你住在现在的房子。哪一个是适应于你的?

（1）你离你的朋友们近。√

（2）你喜欢这房子。

（3）离丈夫的（或主要生活维持人）工作地近。

（4）房租低。√

（5）这房子是自己的产业。

（6）你喜欢一个花园。

（7）你喜欢住近市中心。

（8）你愿意住在离市中心较远处。

（9）你是当地教堂，俱乐部，或集会的会员。

（10）你憎恶迁移的麻烦与费用。

（11）你若迁移大概需要付较高的租金。

（12）这房子以外另外找不到。

如有其他原因亦应加入。

愿望表（背面）

2. 下面是十个可能使你迁移的原因，假使你想迁移，哪一个原因是适应于你的?

（1）你愿意离你的朋友近点。

（2）你想要一个花园。

（3）你愿意离郊外或公园近点。

（4）你愿意离丈夫（或主要生活维持人）工作地近。

（5）你愿意一所较好的房子。√

（6）现在的房租太高。

（7）你愿意得一所新房子。

（8）你愿意住在公寓。

（9）你愿意住近市中心。

（10）你愿意住远离市中心。

如有其它原因亦应加入。

3. 综合而论你是否想迁移？是

4. 你愿意住何处？

5. 然则是否离丈夫的（或主要生活维持人）工作地更远？

6. 车资是否会增加？是

7. 你已否登记请求一所市营住宅？是

8. 在何处？

9. 在何时？ 1932

调查人 C. J. C.

（二）伯市发展的历史

伯明罕市发展的历史极为有趣，知道它演变的梗概才能明白它现状的来源与特质，亦即可以明了这一百年中一个工业城市的形成是怎样一回事。

乡村集镇时期 英国的市镇，当时为了保护其居民中的工艺匠人立了所谓Charter。可以禁止他处匠工的迁入。伯明罕市的发展，在工业革命以前，正因它是个古代的集镇（Marksttown）而无 Charter 的结果。

名师点评

译为特许、许可证。

伯市直至 1838 年成为市镇才立了 Charter，所以一向是有技能有作为的工艺匠人的自由地。却得不到业会会员的资格。由十六世纪起，这城就吸收许多独身起家各个部门的铁匠，发展出工业城市的主要原素。

名师点评

现在写作“元素”。

工业革命带来的大变 十九世纪初，伯明罕已扩大许多，但尚是带着乡村色彩，匠工各自工作的市镇。直至十九世纪的末期，方形成另一面目的大都市，旺盛活跃。但亦有几分可怕。工业革命带来黑烟将近郊逐渐吞并了，在狭迫的小街巷中，零乱产生丑恶的工厂仓库及工作场（见图二、图三、图四）。因为那时代的社会相信人人自己知道取得与自己有利的一切，人人尽可自由发展，其结果是虽然集体的市是有财力的，一切都自然发展，没有地方当局来负责。当时的社会觉到如果男女儿童，为着某种工资，自愿在缺乏阳光的湫隘区域中日夜工作，那都是那一些人民的事，不关他人。所以伯明罕市日益富有，而矛盾的丑陋愈代替了所有悦目的乡镇色彩。而贫困的工人加增，生活程度到了不堪的情形。这时期所造成可怕状态，自然也不限于伯明罕一城。

词语在线

湫（jiǎo）：低洼。

新市镇的开始 到了1869年以后的瑟迁伯伦（Josepb Chambertain）做了多年市长产生一种新的市镇观点，他发愤改善那里的贫民窟，大胆的从事一个空前的措施。那时的市议会已有许多富于个性的杰出人物，他们筹出15，000，000镑的款，将特别不堪最不卫生的一大区域扫除了，成为今日主要大道的Corporation street，同时在许多抗议下，将自来水瓦斯等由私人手中取归市府，作为公用工程的基础，一时伯市便成为英国最前进之都市。

名师点评

此处译为公司街。

公园的开辟 这时期中的社会意识渐高，有了种种改善住户生活的感觉，感到人民有游息及享受林木趣味的必要，故在这时所建的内围一带产生出较多的公园（见图十），但当时这种设备完全需倚赖捐出的私人产业，故其分配并不能平均合理。

1846 年开辟了第一个公园，Adderley 公园，占地 11 英亩；1857 年 Calthorpe 公园面积 31 英亩；又隔七年 1864 年开了 Aston Hall 及公园，49 英亩；至 1873 年的 Cannon Hall 公园，则有 81 英亩。这个最后的公园，至今仍认为最佳的一个。

第一个空地由市府股份银行公司购买的是 8 英亩的 Highgate 公园，它是约瑟·迁伯伦在 1876 年所辟，同时也是伯市“中心”唯一的真正公园。

1876 年，议会特别通过伯市府可将“中心”墓地改成公园的法案，St.Martin，St.Mary，st.paul，st.John，st.philip 等都陆续变成公园，尤其是 st.philip 的增辟，对于市容及卫生的改善最为重要。

1877 年第一次在已建市屋中间开辟儿童健身场，在 Burbury street，面积为 $4\frac{1}{2}$ 英亩。继续又辟了几个，有的为大工业家所捐，有的为市府合作公司所购得。这种活动酿成全国性的儿童健身场的运动，成立了全国健身场协会（National playing Fields Association）。

开辟公园的办法到了 1917 年波恩维尔卡氏之子又创立了一个新的组织称为“公益信托公司”（Common Good Trust），目的在当市政府缺乏法律力量购买与市府计划有用而又正在出让的私人产业的时候，由公司名义可以立时购得。这些地产有时是美好的林木，有时是有历史价值的古建筑及私园，可以经过合法手续由公司再转让市府作为公园，著名的例如 Blakes ley Hall 即是。这个组织极为特殊亦是近代社会团体购买地方历史古迹名胜捐给公家的先声。

词语在线

先声：指发生在重大事件之前的性质相同的某项事件。

新村的初试 1879 年 John Cadbury，伯明罕企业家领袖开始另一种居住情形的努力。他将他的可可糖果工厂由正在退化拥塞不适于制造食品，亦不宜于工人健康的 Bridge 街迁至波恩河边。在那里他创立了所谓“花园中之工厂”。十五年后卡氏见到纯为牟利的住宅,因他工厂的迁移纷纷投机活动颇为不满。他知道以往恶劣的住屋，正因这类似的情形曾迅速产生，故为防止这种投机的恶劣建造，他由 1893 至 1899 年逐渐购买从前的 Bournville 镇旧址。他的目的是创造廉价且美好的住宅，附于工厂左近,但不直接系属于工厂。这些住宅每所有小花园一区，他的目的是将这种“新村”的试验先例献给其他调整住宅的市镇作为参考。

在这时期英国的法律还规定着整列的“窄条后院式住屋”（Tunel-Back House）（见图六、图七）为通常定型，卡氏则援用各种形式以每两所或数所为一组独立的单位，他的新村最主要的特点是住户不限本厂的职工人员，这个开了近代市镇各种新村之先例。最后将这新村组织扩大，成立了信托公司，以经常建造及经理 Bournville 住屋为责任。1900 年 Bournville 共有 330 英亩之地区，造了 800 所住宅。

词语在线

援用：①引用。②引荐任用。

议会通过“市镇计划法案” 到了 1909 年改良住宅的各种努力使议会终于通过了市镇计划法案，但它只适用于未经建造的地区，开辟交通干路，约束住宅区的性质和密度，及工业区的规定。

伯明罕又是英国第一个都市,首先应进行第一个市镇计划。所计划的地区为伯市的西南部，占二千三百余英亩，但这一年适巧为 1913 年，第一次大战的前夕，一切的实际进展被战争的需要所阻止，虽然对伯市整个外围的计划仍然进行筹备，且第二个计划为伯市东部，继而市之北部，南部及西南部诸计划接踵而来，终于全英51147英亩面积中，38509英亩是有预先干线计划的。

英国议会对于市镇由放任至立法管制实由于社会舆论与努力的趋势，而不是主动的。

1913年的调查 1913年伯明罕市曾组织贫民住宅现状调查会，这一次报告在欧战开始后三月完成，报告叙述全市有五万所住屋已不适居住，且若干所中住屋过于拥挤，这等于说伯市的住宅在质与量上都发生了问题。但因军火的生产加紧，调查委员会反对彻底改建，却提议立刻购置外围地区安置卫生工程，开辟新路，划出公共建筑及公园各地，将各处地区及店面出租给营建师及私人，约束其发展性质，不使再有退化，形成日后贫民窟的趋向等等。他们的希望是外围住屋租价虽较高仍可以吸引内围较优裕的住户迁至新址，市中心的经济较优住户则又可移入内围，这样向外展开的动态才可以减轻中心的拥挤，然后所空出的住屋，便可以加以彻底拆毁。委员会更提议制定旧市中心及内围的新计划，立刻毁去最恶劣的住屋，修整其余可以勉强适用者。这样和缓的调整而趋向着将来大举的建设的提议，虽极为聪明，但因战事不允许各种新建设，一切进行结果大受影响。

正在这时候，伯明罕的人口因战时工业而大增，房荒亦骤然严重。同时建设部另订工人住宅标准，规定每户睡房三间，厨厅及小客厅各一，外加浴室，冷藏，洗涤，储煤所及厕所。这标准并不算过奢，但因前此所有工人住宅情况水准过劣，骤然适应这新标准，市府在财政方面增加意外重负，无法解决。

因大战的停顿 到1919年，大战结束之后，伯市重新能够

词语在线

接踵：后面的人的脚尖接着前面的人的脚跟，形容人或事物一个又一个接连不断。

大举：大规模地进行(多用于军事行动)。

建造之时，房荒已达极度。正常时期，伯市每年所需新屋即为2500所。因为战事这五年的停顿，使伯市在清除改建已不堪的住屋之外，更急迫需要12000所新屋。许多因战时工业迁入的市民已在此住家,不再迁出。不但这大数目的新户口即需要住宅，那当时不克修整的贫民窟到了此时情况亦更恶劣。

市府担任建造的开始 这时期因物价的激增及房租的受约束使得营造工人住屋无利可乘，商家均不愿投资经营。战前市府本不愿承担这种事业，削弱商人营业机会，到了此时住宅由地方市府经营，却成为唯一解决的途径。

战后政府鼓励建造的经过及其结果 1919年通过Edison住屋法案，政府负担地方市府建造住屋的损失。同年又修正这住屋方案，对地方审定合格的营造商，给予财政上的补助。这个法案是有划时代的重要性的，因为这样政府才算首次责成市政当局供应解决各市住宅的需要，且政府承认财政上的协助。提议法案的议员，又组织调查委员会，调查结果报告伯明罕所需新屋数目为194，352所，内中150，000所为劳工家庭住宅，规定在三年中每年立即建造14，500所。当时伯市人口总数为910，000人，80%强为工业区工员。

词语在线

划时代：属性词。开辟新时代的。

于是同其他城市同时，伯明罕的住宅建造立时活跃。但因战后人工及建筑材料的缺乏，又产生障碍，市府曾考虑交给营造商家包工的便利，但公私两方所经营的工程都受延搁。最后又创始一种组织，商家不但投资建造，且承领建造以后的一切管理及经营。经过如此努力，结果四年中本拟建造一万所的住屋，还只建造3，234所。每所的造价约9，000至10，000镑。造价日高的因素,有一部分由于政府所答应的损失补助无限制，故地方当局对于计划材料过奢，及工程效率过低都不加注意及防范。这情形到 1921 年便达到顶峰。

1923 年英国经济凋敝，政府开始财政紧缩《Edison 住宅法案》被修改成《Chamberlain 法案》，规定每年每所住屋政府津贴六英镑，继续二十年。物费骤降及民间经济能力的减退，房屋造价亦骤然减半，但这时政府补助过低已不能激起建屋的努力。所以政府对住宅的政策大体上算是失败的。

1924 年《Chamberlain 法案》又改为《Whearley 法案》，政府津贴每屋由 6 镑增至 9 镑，但补以地方当局也津贴四镑半的条件。同时将住屋的标准在房间面积方面都略减少，“厨厅”之外不再加小客厅，浴室与厕所合为一室，储煤及冷藏均减小。这个新法案又使建造稍稍复活，大量营建一般低薪工员可以负担的廉租住宅才有可能。

1927 年法案又修正将政府津贴减至每所七镑半，地方当局津贴减至 3 镑 15 先令，但因物价亦在降落，故建造的进展又维持了六年不断。

此后八年中（1927 ~ 1935）所建住屋共为 33，612 所，较之 1919 年法案后四年中的 3，234 所及 1923 年后四年中之 3，433 所，自然是大为进步（见表一）。

这些大量建造及新村产生之可能，是借力于市府预先在四郊展拓未经建造的新区域。最大一次为 1911 年（1913 大调查之前）所增辟，1928 及 1931 两次又稍增广。

1930 年 7 月市府合股公司（Corporation）完成它的三万所住宅之时，这住宅由当时卫生部长行揭幕典礼，那一年市府所建住宅达 6，715 所，至今尚为最高纪录，可算市府建造之全盛时期。

1933 以后两年因物价低私人投资营建风气又炽，政府又通过法案允许典押的优待（房价百分之九十），更鼓励商家营造。

词语在线

凋敝：①残缺破败。②（生活）困苦；（事业）衰败。

风气：社会上或某个集体中流行的爱好或习惯。

名师点评

英国的旧辅币单位（1 英镑 =20 先令），1971年英国货币改革时被废除。

很多优裕工人当时曾是租赁市府住宅的主要分子，在这时期中愿意用分期付款方式自购商营住宅。故今日外围住宅五分之一是属于此种性质的。

虽然住宅建造颇有进展，但中心的“贫民窟”情况除增设自来水一项外实在同1918年调查时无甚分别。直至1941年贫民窟仍然存在，亟待解决。极少数的住屋虽曾拆去，大部分的不但没有拆除，情况且愈恶劣。四万三千余所所谓“背向背式”住屋（Back-to-Back House）（见图六、图七），至1938年只去了四千五百所。五万八千家无单独厕所的只解决了七千家。仅有自来水一项有点进步，无单独龙头的由四万二千家降至一万三千余家。

至于分赁过挤的情形则更严重，添造房屋虽比人口增度高，但因“家庭”数目较“人口”大为激增，住宅的适应又产生这新的问题。

社会人士的确曾不断热心及努力，但力量总嫌有限。著名的COPEC住宅改善协会曾在1928至1936年间预备了十九次翻修贫民住宅的计划，355所改良住宅至今还是佳例，有极高教育上的价值。

至1930年，《住屋法案》通过，又开始发动清理贫民窟运动。但1935年以后两次清除命令仍是迟缓的机构，直至1938年只有一万所的小数目，被确定为必须拆除的，事实上确实已行拆除的才有八千所。

故虽然伯市居民已有三分之一迁入1911年以后的新造的住屋而清除贫民窟的努力同新村的滋长趋势，总是相去悬殊诚为憾事。1938年政府发起新建与清除，创立联合委员会，协商一切进行事宜，决定五年中每年最少需添造五千所新屋，但这五

词语在线

滋长：生长；产生（多用于抽象事物）。

年总数两万五千所住宅与1935年卫生部所调查认为改善贫民窟所需要的三万所（已不堪须即拆去的17，500所纠正分赁3，500所，及寻常需要添造的新屋10，000所，共30，000所）相较仍缺五千所。市府虽亦鼓励商营住宅来救济，但眼前伯市未建区之缺乏，使此问题的解决更形困难。

（三）研究所得的资料统计

将伯明罕市分作三重围域（Rings）——中心——内围——外围——以便研究（见图一），这三个围域的特征如下：

1.“中心”围域内的性质 “中心”内是许多错杂的工厂砖楼，狭迫街道及拥挤住屋。所有发展决无计划（只有1870年市长张伯伦所改辟的一条正街为例外）。50%至76%住屋为三层楼的“背向背”式住宅（back-to-back houses）（见图五）排列的楼房中间夹着所谓“院场”（Court或yard）。

约150，000人住在38，773所这最不合卫生的住屋里。这种“背向背”式的住楼最劣之处尤在它的附属厕所等设备。因为房屋的缺乏三个住户分租一所每层只有一间的住宅。情形至1940年尚未改善多少。

住宅本身之外，加重“中心”区域“贫民窟”——Slum——问题的为各种各级大小参差的工厂、仓库、机器房包围着民居，也错杂其间。公园的调剂经各种努力由墓地改成。

2.“内围”内性质 伯市内围区域受到十九世纪中市政改善及社会努力的影响，较中心为进步，但发展仍不经设计，重复中心所有的错乱。特征为“窄条后院”式的住屋（Tunnel-back House）（见图六、图七）的产生。这种房屋单调到极点，绝无个性。英国建筑这时正由“乔治”（Georgian）的黄金艺术时期

词语在线

参差：①长短、高低、大小不齐；不一致。②大约；几乎。③错过；蹉跎。

骤然降落，大部住屋都为投机取利的目的，只求密度高，毫无艺术的思想。今日过此，仍可以穿行几英里的排列成行的红砖住屋楼，不见愉快的布置。外表点缀有时更为不伦不类。较大建筑物如学校，教堂，工厂，更突兀伧俗，市容只赖商业大街两旁物品及灯光的繁盛。住宅内容在当日由“中围”区域迁来的住户看来，当然已是一种进步。但在近代标准下检查，只是不便，灌风不暖及无趣的总和。少数含有浴室，洗碗室湫隘黑暗，楼梯峻陡狭迫；但自来水已是改进的产物。第二次大战前后薪资较高的工界职工的住处以此为代表。但内围中 Edgbaston 住区则为例外。它保有“乔治”（georgion）时期的风格。砖造意大利式及 polladian 式的廊柱门面为富裕住户的生活表现。它们前边有宽舒的林荫，数分钟的步行即可以达到郊区或公园。Edgbaston 是有计划住区的好模范。即在今日仍为美丽的市容。不过它所代表的是那种只为着富户才设备愉快环境的时代，市政理想还没有萌芽。

词语在线

萌芽：①植物生芽，比喻事物刚发生。②比喻新生的未长成的事物。

3.“外围”的性质 外围是伯市最后发展的围域。大部是 1913 年以后的建设。各种住屋形式表面随各时期试验变动。营业投机在新村风气之后，故有多种图案作租金的张本，市政府所营新村则简朴进步。“内围”的发展只是吞没了原有美丽乡镇及私家园地，一概造成红砖无趣的长排市屋，如杂乱的商区，这里外围发展则是有计划的新村，种树的街道和围堤，及美好的双层住宅楼屋。许多是 1919 年以后改善的建造。

“背向背”式住屋至 1938 年仍有三万余所，正是贫民窟的主体住屋。从外面走过的人绝不易注意到每个临街窗子代表着一个单另的住户，且只有一间房间。一家三个房间是重叠在三层楼中（但多分租）。第一层是厨房兼客厅 12 或 14 英尺长 11

英尺宽8或9英尺高，上层有时矮至6' ~ 7''。每屋只有一面向外，分临街及向内院两排，储藏室不通空气，楼梯转折黑暗，且无扶手栏杆。内院一个水管龙头供各家公用。藏煤地窖极湿多不可用。洗衣及厕所在后院中。后院住户出入须经由两屋间窄巷。每英亩密度达60所，约200人的密度。伯市现尚有十五万人住此种住宅中。

1938年卫生部调查认为此中17，500所已不堪居住，宜在五年内清除。

“窄条后院”式住屋的产生在法律规定住屋须两面通气的限制以后。这种排列法巧妙的避免在一块深度地皮上有增加街道的必要，而同时不违法。重复的长列，同样的内容，密度每英亩20 ~ 30所。这密度虽已比“背向背”式减低，但仍不能有足够的阳光及良好的部署。这种房屋成为各大城普遍形式，租金1914年每周约$6\frac{1}{2}$到$12\frac{1}{2}$先令（背向背式则在3至6先令）。此式后来略有改进，前加小圃，虽不能种多少花木，但可容一个突出窗（Bay-window）。此式带突窗的住宅当时地位大为高雅，与今日两屋相连的独立住宅差不多，为境况较丰的表示。有时内部一旁加窄长的甬道，由入口至厨房，其特征是阴黯无光，虽然法律规定的目的是在多得光线与空气。

“普遍”式住宅的产生在“花园新村”受到社会的注意以后，它们有时两所相连，有时四所或六所合成一组。标准内容是两厅三卧室，梯道、厨房、浴室厕所及小储藏冷室及煤棚。

这种房子的大体形式及内容在各城里几乎一律，所以被称为“普遍式”内容的改进极为显著，环境舒旷。故虽然这种住宅多在距离中心工作区更远的地带，但仍能大量吸引内围较优裕的住户由“窄条后院”式的住区迁来居住。

名师点评

6英尺~7英寸。此处可能是作者的误写，6英尺~7英尺似乎更合理一些。

词语在线

甬道：①大的院落或墓地中间对着厅堂、坟墓等主要建筑物的路，多用砖石砌成。也叫甬路。②走廊；过道。

投机商人一面见到他们的受欢迎，一面又见到他所需要的地皮大过其旧时样式甚多，会减弱他们的利润。故商营住宅虽用这同一平面，但在形式及装饰上却出了许多花样，以求迎合赁户的虚荣心理，作为较高租金的理由。庞杂伧俗非艺术的变化成为风气。市府所建新村即在这方面加以纠正，多用简洁的风格，使整区归于典雅，以后的进步是要在材料的选择，布署的更合理，街道的林木及公共娱乐中心的各方面。

表一　住宅数目及建造时期百分比表

围域	住宅数目（1938 年 10 月 1 日）	1941 年及以前	1915—20	1921—30	1931—8
		%	%	%	%
中心	46.851	98.9	—	0.5	0.6
内围	79.308	92.2	—	5.6	2.2
外围	162.677	40.5	0.1	31.1	28.3
全市	288.888	66.3	0.1	18.1	15.6

住屋总数为廿八万余所，其中十万所为 1920 年以后所建。调查实况，$\frac{2}{3}$ 的低薪阶级仍住 1914 年以前的房屋。中心区大部房屋已过 50 年，标准落伍，在廿年内必须完全代以新屋；卫生部报告 17，000 余所已不堪居住。外围在 1930 年以后建。

词语在线

落伍：①掉队。②比喻人或事物跟不上时代。

表二　住宅种类表

围域	(1) 标准式（完整住宅独户居住）	(2) 完整住宅一间以上房间分租	(3) 公寓住宅厨厕公用	(4) 公寓住宅厨厕自用	(5) 合坊公寓（Block Flat）
	%	%	%	%	%
中心	94.0	2.0	2.0	1.1	0.8
内围	92.8	3.2	3.3	0.7	—
外围	95.8	1.3	1.8	1.0	0.1
全市	94.6	2.0	2.2	0.9	0.2

表三　住宅大小表

围域	每□□□□[1] 原稿中字迹不清。				
	1 或 2	3	4	5	6 以上
	%	%	%	%	%
中心	1.7	49.6	18.9	20.3	9.5
内围	0.9	15.1	22.1	39.9	22.1
外围	0.6	4.0	26.9	49.6	18.9
全市	0.9	15.7	24.0	41.2	18.0

造数之低，指示未经建造地区已所余无多。

伯市“分租”及住公寓的习惯比他城弱；公寓除却市府的试验设计二三处外尚不多见。但这表所谓“分租”乃指将住宅内分出房间租与他户，不管设备及家具而言。将自己陈设的房间随时短期分租者并不包括。

由人口调查统计中得知伯市 81% 的家庭人数为四人及不到四人者，过六人者只有 3.8%。用种种分析研究，均以每两人需一个卧室计算为适当。故此点指示全市仅$\frac{1}{5}$的住屋需要三个或三个以上的卧房，而$\frac{4}{5}$只需两间卧室。为将来建造新屋的参考，表四意义最大，它指出今日伯市租金负担的比例，40% 在 10 先令以下，20% 在 8 先令以下，且在中心区付 10 先令以下者达 71%。今日市营住宅新村的租金虽约为 10 先令，但外围一切生活所需的价格比中心高，而市营住宅中，三卧室者租金较商营同大小者略高（市营住宅两卧室者则较商营为低），由中心迁至外围者，可能影响他整部生活费增加至$\frac{1}{3}$，这点将来不可不顾虑到。

伯市自置房产的住户总数仅 14%，其中$\frac{6}{10}$强仍为分期偿款者或负典押债务者；绝无房金负担的住户实际上仅 5%。

因为家庭增加率与人口增加率不同，伯市人口虽稍减，但因家庭数增加，在数十年内住宅的数目必不比今日低，但房间数目多的住屋则可略减。在中心及内围多单身住户，因家庭消散，所余鳏寡老者，因新住宅太大，所以没有迁移的理由。此点指示将来新屋中必须包含若干老人住宅。

词语在线

鳏 (guān)：无妻或丧妻的。

表四　各区商营住宅最通常租金比较表

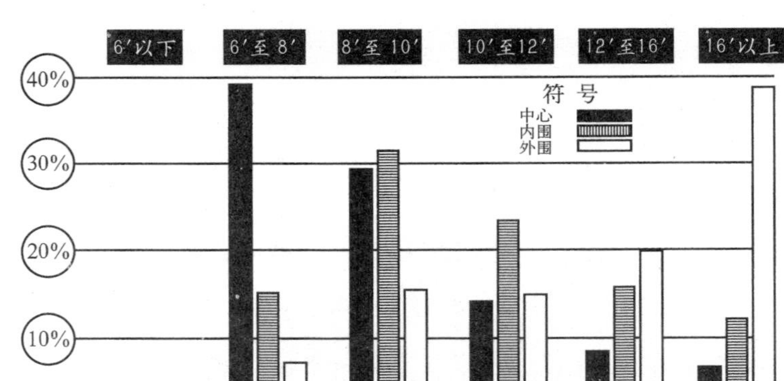

黑色条指示市中心极低租金住宅百分率之高；灰色条所示者为内围；白色条则指示外围。最可注意之点在市中心住宅的租金，将近百分之四十在 6 先令与 8 先令之间，而外围住宅租金乃有将近百分之四十在 16 先令以上。可知最低租金住宅仍多在市中心，所以较贫穷的住户仍趋向留居在市中心。

表五　住户在所住区工作者百分比表

区域	市营住宅住户	其他住宅住户
	%	%
1 中心	★	58.2
2 西北	9.0	22.8
3 东北	46.6	44.8
4 东	29.8	34.8
5 东南	23.1	29.8
6 西南	41.9	53.6
7 西	★	27.9

★数目太小不足以作统计

市营住宅住户在本区工作者较其他住户少的原因是因为市营住户多近代所建在外围较远地区。第三及第六两区居民之所以多在本区之故因市营新村靠近几个大工厂。

表六　每周车资所费表

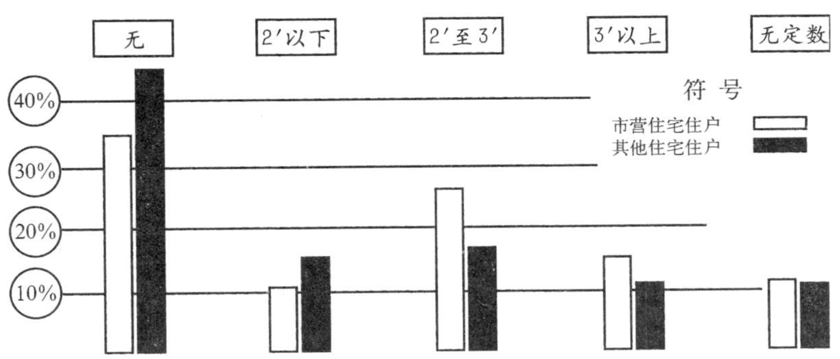

表七 〔主要生活维持人〕达到工作地所费时间表

区域	0—15 分	15—30 分	30—45 分	45 分以上	无定时
1	45.4%	30.4%	7.8%	6.6%	9.9%
2	26.1%	38.4%	16.0%	10.0%	9.4%
3	30.7%	38.6%	14.1%	7.8%	8.7%
4	24.5%	41.6%	16.8%	8.6%	8.6%
5	23.0%	38.3%	16.3%	9.7%	12.7%
6	26.6%	35.5%	15.1%	12.3%	10.5%
7	35.6%	32.3%	13.7%	10.7%	7.7%

平均全市工作人员之 45% 不用车费。费三先令以上者为 11% 强，五先令者 3%。约 $\frac{1}{8}$ 的工作人员居处距工作地点在四英里以外。这个情形与伦敦相较实算从容。

这种距离，除费用外，更可影响 工人回家午餐；如果行程超过 15 分钟，回家午餐即不可能，这点亦即直接影响工人生活情形。

词语在线

从容：①不慌不忙；镇静；沉着。②（时间或经济）宽裕。

表八　主要生活维持人中午回家者百分比表

围域	中午回家者	中午不回家者	中午已在家者如夜工或午前下工者
中心	34.9%	52.1%	13.0%
内围	30.2%	57.4%	12.4%
外围	22.5%	69.2%	8.3%
全市	26.9%	62.7%	10.3%

表九　空地分配表

(1) 围域	(2) 公园游戏场等地面积	(3) 各围城总面积	(4) (2) 与 (3) 之比例	(5) 人口	(6) 每千人所得空地面积
	英亩	英亩	%	人	英亩
中心	35	3,023	1.2	187,900	0.2
内围	422	8,944	4.7	288,600	1.6
外围	3,342	39,180	8.5	571,500	5.8
全市	3,833	51,147	7.5	1,048,000	3.8

表十　英国八城市人口每千所得空地表

市名	每千人所分配面积
Leeds	6.5 英亩
Newcastle—on—Tyne	4.3 英亩
Birmingham	3.8 英亩
Manchester	2.9 英亩
Glasgow	2.8 英亩
Liverpool	2.5 英亩
Cardiff	2.0 英亩
London	1.9 英亩

近代称公园为市镇之肺。伯市公园面积与英国各大城相比，显然是充足的；但与人口比率仍为不足。全国运动协会建议标准，单算运动所需，即为每千人六英亩，为环境改善的公园尚不在内。表中数字尤指示三个围域中情形的悬殊。且中心区公园多半是小区只有一英亩左右，离合理标准甚远。

名师点评

这句话采用了比喻的修辞手法，将“公园”比作“肺”，形象地表明了公园对于市镇的重要性。

表十一之一　晴天儿童游戏地点百分比表（周日内）

围域	屋内	院内	花园	街上	废地	学校游戏场	公共游戏场	公园	前列各处均有	他处或不游戏
	%	%	%	%	%	%	%	%	%	%
中心	12.4	20.3	3.8	18.9	0.2	0.3	2.4	4.3	31.9	5.5
内围	20.6	5.3	8.6	13.9	—	0.9	0.6	5.6	37.0	7.5
外围	24.3	1.1	17.3	13.9	1.1	0.3	0.5	1.8	30.9	8.8
全市	20.6	6.6	12.0	15.0	0.6	0.4	1.0	3.3	32.6	7.9

之二　（星期末及放假日）

围域	屋内	院内	花园	街上	废地	学校游戏场	公共游戏场	公园	前列各处均有	他处或不游戏
	%	%	%	%	%	%	%	%	%	%
中心	3.2	20.1	3.2	16.4	—	3.2	1.6	12.2	30.0	10.1
内围	10.2	4.5	10.2	12.4	—	—	—	4.0	41.8	16.9
外围	11.7	—	18.5	8.6	0.5	—	1.6	7.0	39.0	13.1
全市	9.4	5.7	13.1	11.2	0.3	0.7	1.2	7.5	37.4	13.5

儿童游戏场问题与公园有相连的关系。一般人认为即使设有公园，儿童仍爱在街旁嬉戏。为研究这种言论有无事实根据得以上的统计。结果：（1）证实公园并不被多用，连放假日都如此。（2）观察在缺乏公园的中心区，儿童在公园消遣的比例上却比较外围儿童还多。推究原因，可以明了主要原因是公园过大相距甚远，不便于幼龄儿童。故设备邻近住宅的小块游戏场极为重要。（3）儿童在街上游玩的较他处并不占上峰。（4）儿童在家中游玩多因住房过小而受限制。

名师点评

现在写作“上风”。

表十二　花园情形表

围域	爱花园者			不爱花园者		
	好	平	劣	好	平	劣
	%	%	%	%	%	%
中心	33.4	44.6	22.0	—	24.2	75.8
内围	34.4	46.3	19.3	3.0	39.7	57.3
外围	44.5	43.4	12.1	9.7	29.1	61.2
全市	40.9	44.3	14.8	5.9	31.9	62.2

表十三　无花园者对于花园愿望表

围域	愿有花园者	不愿有花园者	无意见者
	%	%	%
中心	78.7	20.3	1.0
内围	75.3	22.1	1.6
外围	82.9	15.2	1.9
全市	78.1	20.3	1.6

统计证实住户对园圃之爱憎恰与事实上花园之受整治与否平行。但调查所访问的 7, 023 家中 6, 491 家表示要一个自己的花园。这表示这点在新建设上实不得不注意。

表十四　留住现住住宅之原因

原　因	中　心	内　围	外　围
	%	%	%
离丈夫（或主要生活维持人）工作地近	63.6	57.1	36.4
爱住近市中心	59.3	44.5	9.2
房租低	55.8	44.2	32.4
离朋友们近	38.1	36.2	26.0
喜欢这房子	35.1	59.9	61.3

续表

若迁移恐须多出租金	30.3	36.5	26.8
另外找不着房子	24.2	28.4	35.4
憎恶迁移的麻烦和费用	21.2	30.0	27.8
是当地教堂、俱乐部或团体的会员	19.5	18.8	10.8
喜欢花园	18.6	39.4	49.9
其他原因	5.2	5.1	5.6
愿意不住在市中心	3.0	14.2	57.1
房子是自己的产业	1.7	7.5	16.6

表十五　愿意迁移之原因

原　因	中　心	内　围	外　围
	%	%	%
愿住较佳的房子	89.9	80.1	61.8
想要个花园	66.7	45.2	22.7
愿住一所新房子	47.3	58.9	51.0
愿离郊外或公园较近	45.7	54.1	16.0
愿离市中心较远	36.4	43.1	15.5
愿离丈夫（或主要生活维持人）工作地近	18.6	24.0	36.1
愿离朋友们较近	8.5	10.9	11.8
其他原因	8.5	24.6	24.7
愿离市中心较近	7.0	9.8	19.1
愿住在公寓里	5.4	2.0	2.6
现在租金太高	4.6	17.8	24.2

关于表十四及十五请参阅主要问题回答表。

表十六　住户希望迁移与否百分比表

	中　心	内　围	外　围	全　市
	%	%	%	%
希望迁移的住户	55.8	39.1	27.8	36.0
不愿迁移的住户	44.2	60.9	72.2	64.0

就表十四所示，住户想要迁移的原因，住在市中心者百分之九十是要换所好一点的住宅，而只有百分之十九是要接近工作地点。外围住户则亦有百分之六十二要较优的住处，而有百分之三十六要接近工作地。各围的问题，由于这个方面的调查，又更为明晰。

（四）原则的提议及结论

波恩维尔研究组在他们详细调查分析统计伯明罕市的住宅问题以后论点约略如下：

他们用社会调查方式来研究住宅问题，就是承认“人的因素”的重要。他们不只问房子如何，他们所需要的是住户们如何生活的。同住处相连的问题是工作地点，生活状况，关系于这两个前提上。这个立刻将庞大的工业及其所需的大量人工，及这些人工的一切生活，牵在一个问题以内。他们认为每个已发展的工业大城，今日必须选择决定它要再加扩展的政策，还是要节制发展大趋向的计划。无论如何每市为解决工业及居民需要的展动与乡郊及邻镇都有密切的牵连，因此它是普遍的为全国乡区设计问题。故建议：

（1）宜设立负责的全国设计委员会作总的规定及计划。

地区的支配为设计的关键，如个人产业同公共福利的整体设计发生抵触时，当局必须有法律根据可以处置办理。政府如何酬偿私人牺牲出让的各种地区的细则，虽不在这研究的范围内，但应付地区分配的法律，则认为必须产生。故建议：

（2）支配地产为公共利益的使用，必须修改现有法则。

因伯市近三十年来所吞并的郊野已达极大面积，将建造地区展至极大限度，过此则市心与市郊距离将不能解决居住问题反而产生严重不便，加甚市区的不健康。故建议：

（3）限制再展市境，保留“绿带”郊区。

因伯市“中心”房屋人口双重密度之高，地区有限而重工业又不能移动，工厂与工人住处两面都需要隙地，而双方寸步不能开展。故建议：

（4）（a）创立“附庸新镇”（Satellite towns）。伯市工业种类极多，有可移与不可移性质的分别。选择其可移的数种配合成小组迁至“附庸新镇”，以减轻中心压力腾出隙地。这种新镇距市边境二十英里至三十英里为最便。以特别快车联络，则在时间上可在半小时以内到达市区。

（b）在拥挤地带创立“集合工厂大厦”（“Flatted” Factories）伯市有一万二千家轻工业每厂只需百余工人。将这些集中于五六层楼工业大厦中，虽不能减轻人口密度但可以救济地区的拥挤，增出空场集中公共卫生及福利设备。

（c）必须留在旧地的著名的重工业工厂近旁所腾出的隙地重新做近代分配。

（d）与重工业工厂相连，必须留在中心的住户，宜用近代数层公寓大厦，借立体扩展以补地区的不足。以近代的设备，改善住屋的供应且节省面积以留出合理的空场。如今日已建在Emily street 的公寓及 mansonette 集体小住宅及 Terrace House 等。为使必须拆除的旧屋与新造新屋之间和缓经常的进展。建议：

名师点评

译为排屋。即联排别墅，一种连排的房屋。

（5）规定寻常住宅年数的限制。

伯市中心街道之不合用已不可讳认，如果对地区之分配使用，政府有正当权限，直通的交通干道与林荫大道都必须经营，建议：

（6）建造林荫大道，在最近可能时间内以补公园之不足。

鉴于近来所建新村的缺乏公共生活兴趣的中心，住户之间失却当时集居睦邻情感的自然表现，新村住宅竟变成一种宿舍，无村镇家园的意义，故建议：

（7）市府应协助鼓励社交福利中心的设立，如有幼稚园，卫生处，图书馆及小礼堂的集中建筑物，以便社交生活的产生及共同兴趣的增进。

结论 由于各种实况的调查，研究组先得了三个结论：

（一）如果不先作全市的统筹计划，并且如果对“地区的应用”没有法律来制裁和决定其适当分配时，局部的改善影响了全市系统的失败。

（二）每个问题的解决，在市政调整的程序中，都借力于多面关联的许多因素。所以住宅整体的改善，任何个别单面的处置都不能圆满胜任。

（三）一切提议仍只是原则上纲领，细项改善须在实行时逐步解决，与环境调整。

（五）参考提示

1. 上项资料是关于一个已经过度发展的工业城里的住宅问题。经类似“社会调查”的方法，将一切居住情况作出统计。

我们所得到的是经各时代发展而造成的拥挤情况及拥挤原因。

2. 这调查的价值就在于实况报告可以指示具体解决途径，避免纯粹的理论改善原则。

这实况报告目的即在于改善，故供给各方面的确实数字，而同时暴露任何变动在实际上的困难。指出许多“调整”陷于事实上的矛盾，提倡不得已的解决方式，牵涉到迁移一部分工作中心的办法。因住的环境的优美条件显而易见，故他们不惜费时再加以讨论。

词语在线

显而易见：（事情、道理）非常明显，很容易看清楚。

这里许多数字都是指出住的条件与工作的连带关系。第一重要的是住与工作的距离：地区上的距离；借交通工具在时间上的距离；因交通工具每个工作人员每日车费的负担；及使住与工作脱节的危机。

在理论上所应有的良好配置，今日大半因交错的既成事实之存在，难于实施，故今后彻底的改善，必须由全市统筹的计划入手。一方面用和缓分期拆移的程序，达到计划上的分配；一方面迅速开辟新工作中心，以产生新的居住区域，逐渐疏散现存市民的密度，亦即消除贫民窟的最基本步骤。

3. 以伯市工业之盛，经济力量之雄厚，一世纪来竟无法消除拥挤及不卫生的贫民居宅区，这个事实应使我们惊讶警惕，它的原因我们应加以认识。

这调查团的结论是，以往的错误由于过分限于局部改善，改善的各种条件，因已限定的情况，竟成互相抵触的因素。如接近工作时间经济的地区，可能即成为周绕工作中心过于拥挤的地区，缺少空地林木，不合卫生的区域。如在交通上加以便利，可能因添设支线而加增复杂情形及居民负担。如发展工作厂地，使不超过现代化的合理密度，必须增加工业地区的面积，这又等于进迫本已有限的工人居住面积，更使其拥挤。如无限制的仅是使居宅向外扩展，则最外围的住宅与中心的工作距离愈增，交通与时间的经济便又成问题。故今后必须大规模的全盘筹划，加辟新中心，乃至于将工业的一部移出旧有已过密的中心。

经济不允许我国蹈他们的覆辙。我们今后救济住宅房荒，绝不宜在市中区增设不已，以求目前及局部的救济。在旧市左

词语在线

覆辙：翻过车的道路，比喻曾经失败的做法。

近必须开辟新的，疏离的，若干工作的中心，各中心间设置交通干线。

4.因私人地产权利之足以妨碍全市计划上合规的地区分配，这调查会认为最基本的改善需先增加政府对地区使用之法律上权限。这一点颇为重要。中国郊区多为耕地，市区内房屋简陋者居多，工业尚未正式开展。开辟新区，重划旧区，及拆建移建均较简便，主要点在于地主之公益观念，及政府的地区使用权的规定。

我们一切正在开始，宜早拟研究定出计划，逐步推进，不宜失却机会。

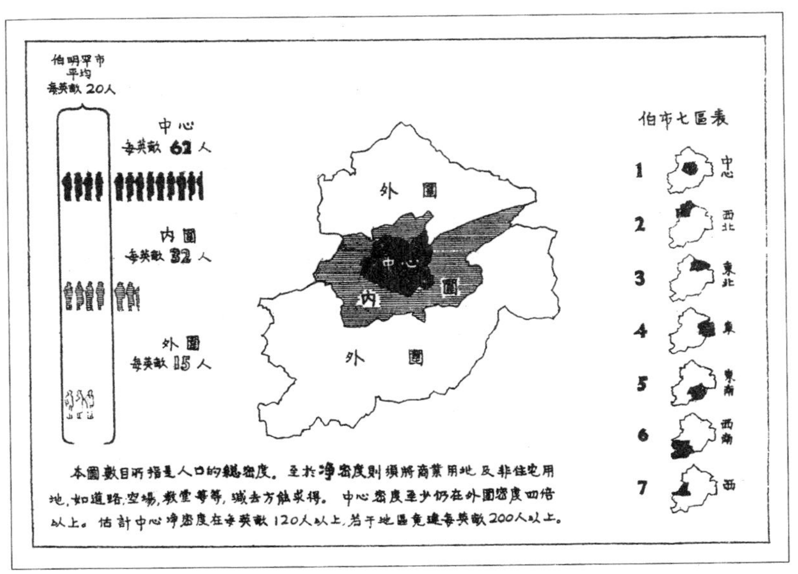

图一 伯明罕市人口密度图表（附 伯市七区表）

下面指示同一面積可改作兩排大層建築物，週圍並附有園庭空地。中央建築並且可供給以往未有的公共便利，如女工所必需之托兒所衛生站等。

大街
車房
遊戲場
遊戲場
福利及娛樂中心
車房

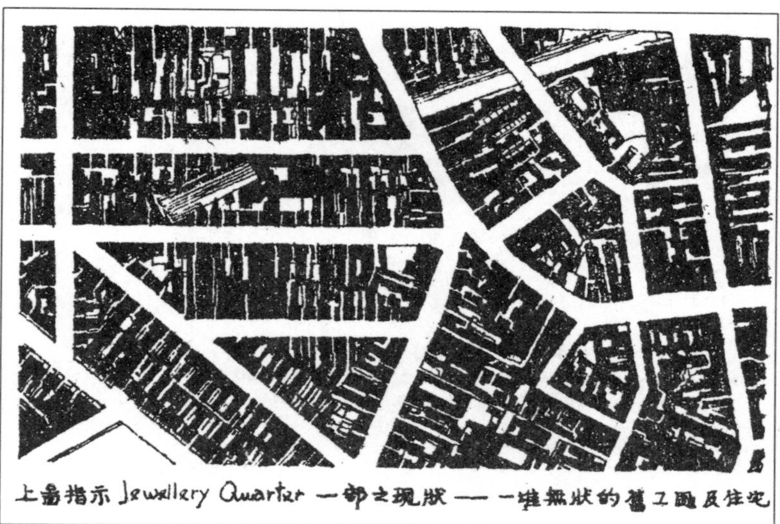

上圖指示Jewellery Quarter一部之現狀——一堆無狀的舊工廠及住宅

图二 市中心区域一部之现状平面

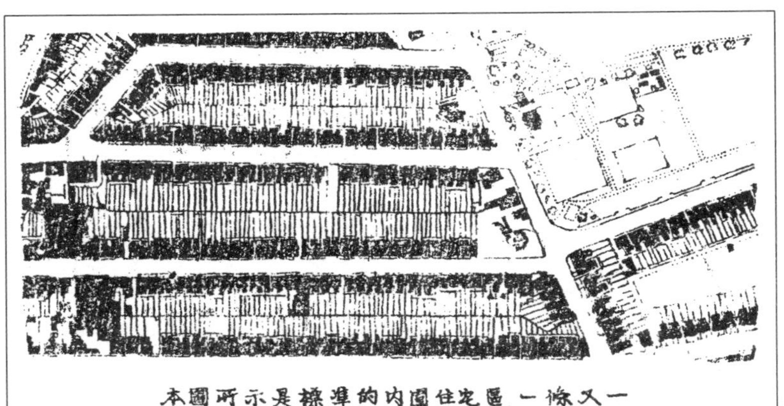

本圖所示是標準的內圍住宅區，一條又一條的單調的窄條後院式住宅。

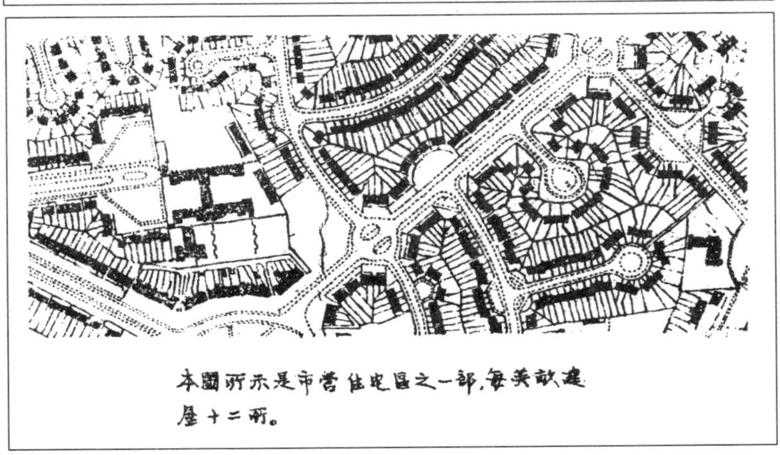

本圖所示是市營住宅區之一部，每英畝建屋十二所。

图三 内围住宅区现状平面图（上）

图四 市营住宅区之一部平面图（下）

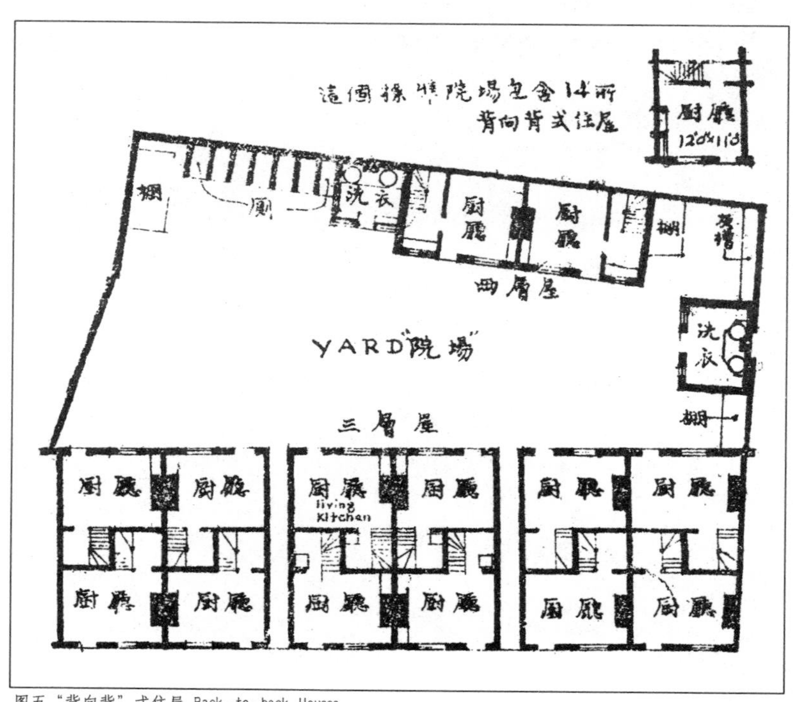

图五“背向背”式住屋 Back—to—back Houses

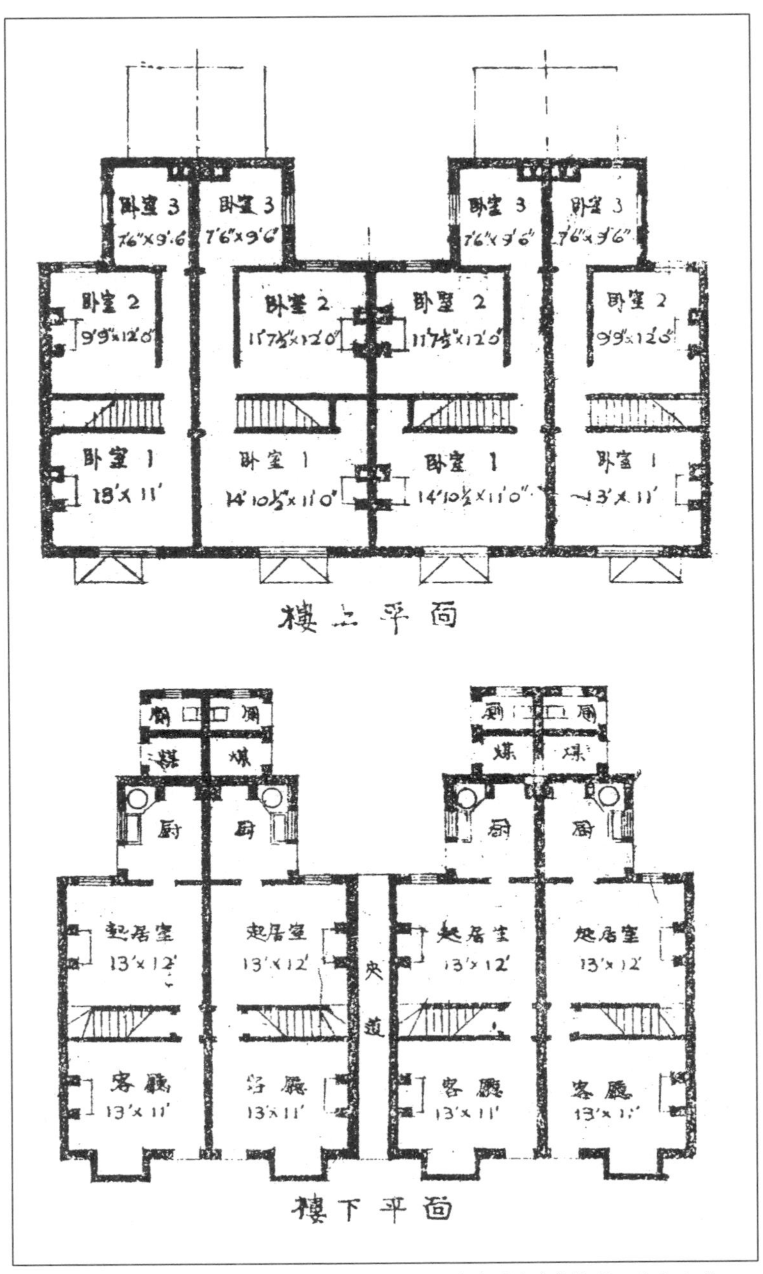

图六 窄条后院式住屋 Tunnel—Back Houses

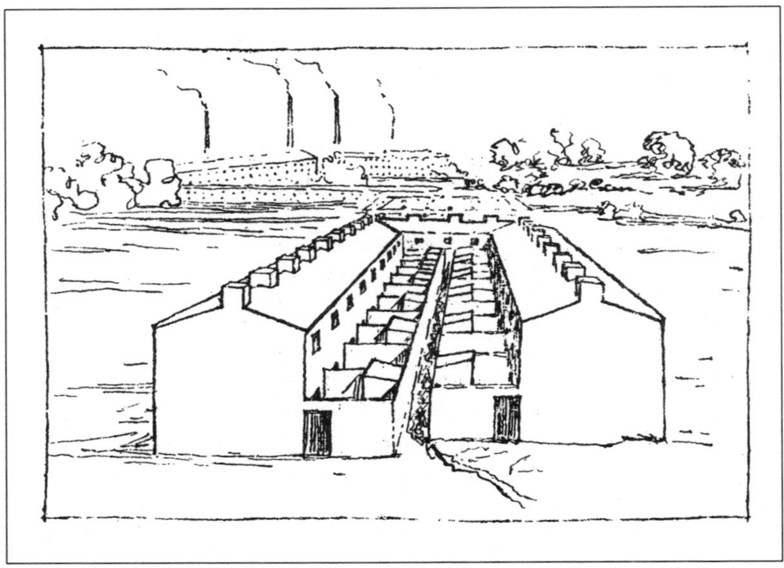

图七 窄条后院式住宅透视图

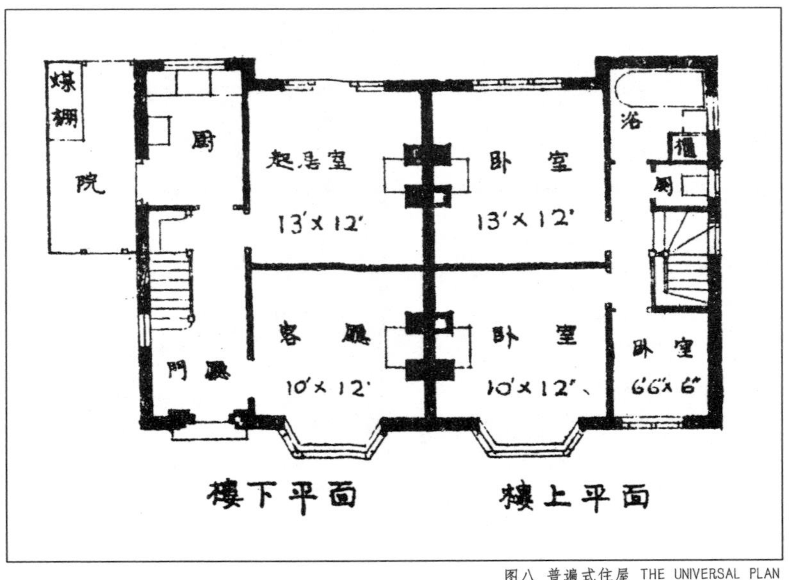

图八 普遍式住屋 THE UNIVERSAL PLAN

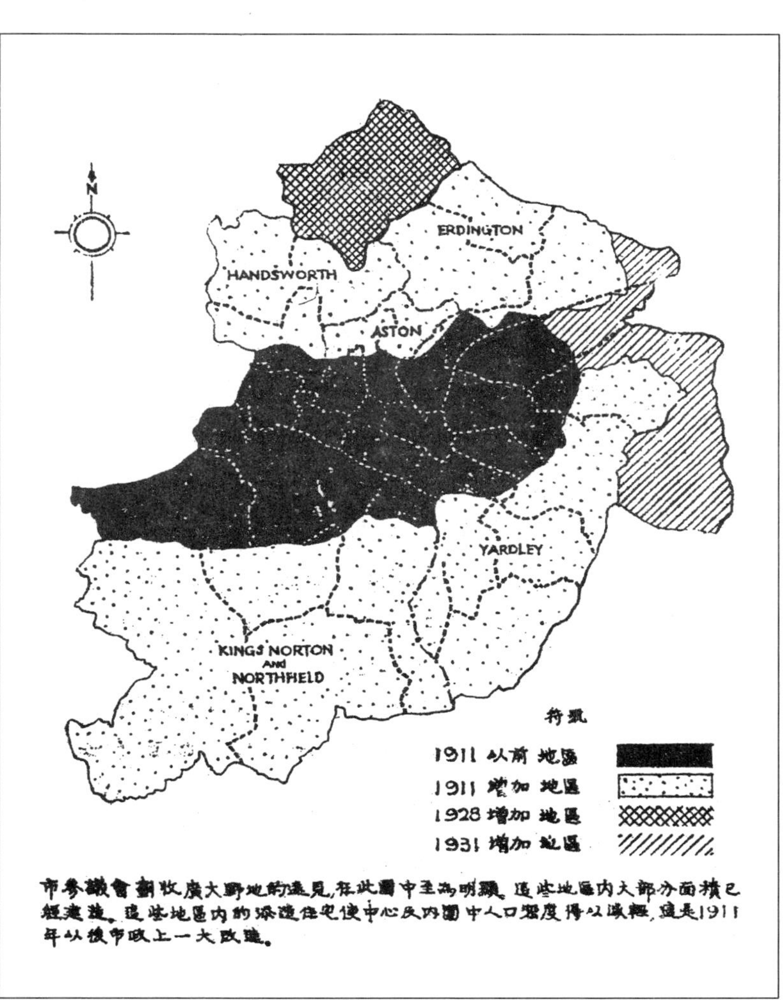

图九 1911 年至 1931 年市界扩展图

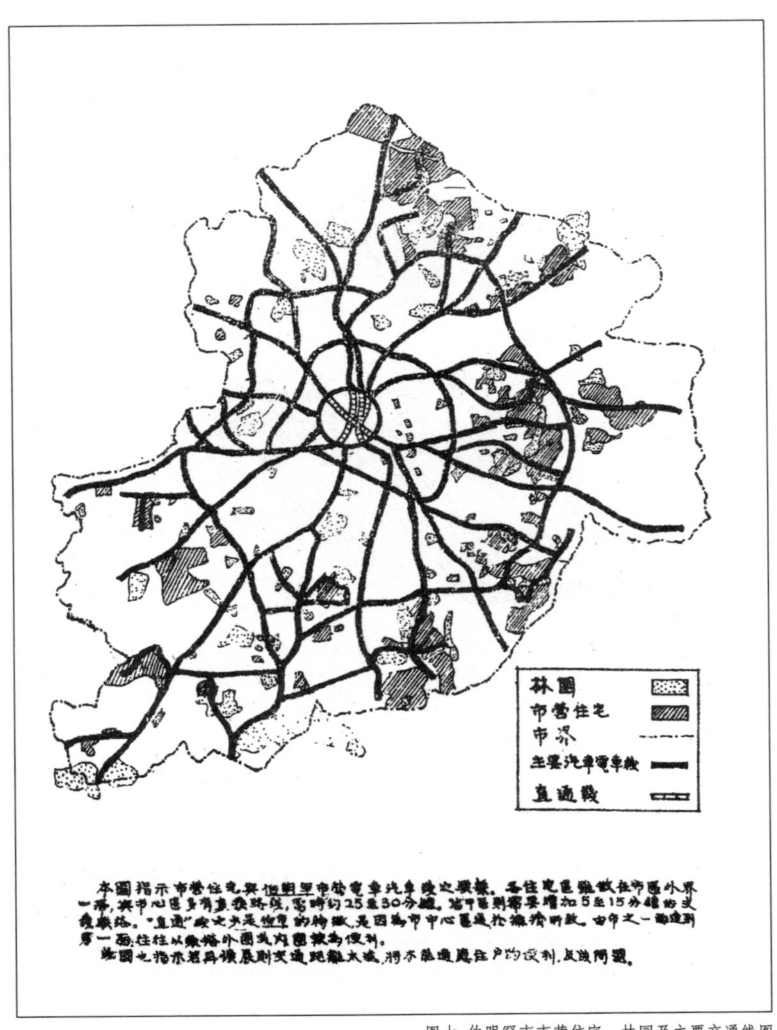

图十 伯明罕市市营住宅、林园及主要交通线图

（初刊 1945 年 10 月《中国营造学社汇刊》第 7 卷第 2 期，署名林徽因）

品读赏析

这是一篇很严肃的学术研究论文，结构完整，逻辑缜密，同时配有插图和调研表格。文中所举的实例，住宅基本都是以解决因居住条件对生活造成的不便而设计的。作者认为，城市规划、住宅设计，要以民为主，而这就需要政府出台科学的规章制度，以防开发商再像"半世纪前"那样乱建乱造。作者提出的这些观点，为当时中国城乡规划指明了方向。

写作积累

顾此失彼　根深蒂固　鸟瞰　缜密　不伦不类　显而易见

·不正常的经济压迫及无秩序的利益争夺使得合理清醒的统筹无从产生，直到城市住处——本来该是为健康幸福而设备的——反成了疾病罪恶的来源——如工业区的拥挤，贫民窟的形成等等——最近才唤醒了英美各国普遍的注意。

·无论如何，改善住宅的主要事项，如住宅内部的合理分配，外部的艺术形体，住区与工作地点的联络关系，住区每平方公里内的人口密度，如何取得绿荫隙地，如何设立公共设备，及如何使租金与房屋造价及人民经济配合等等，则是各国同样的。

思考练习

1. 文中举了哪几个城市的例子作为参考资料？
2. 文中所举的城市都是怎样进行规划的？

北京——都市计划的无比杰作

北京是一份宝贵的遗产，是举世无匹的杰作。我们不仅要了解北京的文物，还要深入认识北京的整体格调，只有这样，才能掌握北京原有的精神以求更辉煌的发展，为今天和明天服务。而要想深入认识北京的整体格调，就得了解北京的特征。那么，北京都有哪些特征呢？

人民中国的首都北京，是一个极年老的旧城，却又是一个极年轻的新城。北京曾经是封建帝王威风的中心，军阀和反动势力的堡垒，今天它却是初落成的，照耀全世界的民主灯塔。它曾经是没落到只能引起无限“思古幽情”的旧京，也曾经是忍受侵略者铁蹄践踏的沦陷城，现在它却是生气蓬勃地在迎接社会主义曙光中的新首都。它有丰富的政治历史意义，更要发展无限文化上的光辉。

词语在线

堡垒：①在冲要地点做防守用的坚固建筑物。②比喻难于攻破的事物或不容易接受新事物、新思想的人。

构成整个北京的表面现象的是它的许多不同的建筑物，那显著而美丽的历史文物，艺术的表现：如北京雄劲的周围城墙，城门上嶙峋高大的城楼，围绕紫禁城的黄瓦红墙，御河的栏杆石桥，宫城上窈窕的角楼，宫廷内宏丽的宫殿，或是园苑中妩媚的廊庑亭榭，热闹的市心里牌楼店面，和那许多坛庙、塔寺、第宅、民居。它们是个别的建筑类型，也是个别的艺术杰作。每一类，每一座，都是过去劳动人民血汗创造的优美果实，给人以深刻的印象；今天这些都回到人民自己手里，我们对它们宝贵万分是理之当然。但是，最重要的还是这各种类型，各个或各组的建筑物的全部配合：它们与北京的全盘计划整个布局的关系；它们的位置和街道系统如何相辅相成；如何集中与分布；引直与对称；前后左右，高下起落，所组织起来的北京的全部部署的庄严秩序，怎样成为宏壮而又美丽的环境。北京是在全盘的处理上才完整的表现出伟大的中华民族建筑的传统手法和在都市计划方面的智慧与气魄。这整个的体形环境增强了我们对于伟大的祖先的景仰，对于中华民族文化的骄傲，对于祖国的热爱。北京对我们证明了我们的民族在适应自然，控制自然，改变自然的实践中有着多么光辉的成就。这样一个城市是一个举世无匹的杰作。

名师点评

这段话运用举例子的说明方法描述了北京城的建筑物，条理清晰，具有说服力。

词语在线

相辅相成：互相补充，互相配合。

我们承继了这份宝贵的遗产，的确要仔细的了解它——它的发展的历史，过去的任务，同今天的价值。不但对于北京个别的文物，我们要加深认识，且要对这个部署的体系提高理解，在将来的建设发展中，我们才能保护固有的精华，才不至于使北京受到不可补偿的损失。并且也只有深入的认识和热爱北京独立的和谐的整体格调，才能掌握它原有的精神来作更辉煌的发展，为今天和明天服务。

北京城的特点是热爱北京的人们都大略知道的。我们就按着这些特点分述如下。

我们的祖先选择了这个地址

北京在位置上是一个杰出的选择。它在华北平原的最北头；处于两条约略平行的河流的中间，它的西面和北面是一弧线的山脉围抱着，东面南面则展开向着大平原。它为什么坐落在这个地点是有充足的地理条件的。选择这地址的本身就是我们祖先同自然斗争的生活所得到的智慧。

词语在线

坐落：建筑物位置处在（某处）。

北京的高度约为海拔五十公尺，地学家所研究的资料告诉我们，在它的东南面比它低下的地区，四五千年前还都是低洼的湖沼地带。所以历史家可以推测，由中国古代的文化中心的"中原"向北发展，势必沿着太行山麓这条五十公尺等高线的地带走。因为这一条路要跨渡许多河流，每次便必须在每条河流的适当的渡口上来往。当我们的祖先到达永定河的右岸时，经验使他们找到那一带最好的渡口。这地点正是我们现在的卢沟桥所在。渡过了这个渡口之后，正北有一支西山山脉向东伸出，挡住去路，往东走了十余公里这支山脉才消失到一片平原里。所以就在这里，西倚山麓，东向平原，一个农业的民族建立了一个最有利于发展的聚落，当然是适当而合理的。北京的位置就这样的产生了。并且也就在这里，他们有了更重要的发展。同北面的游牧民族开始接触，是可以由这北京的位置开始，分三条主要道路通到北面的山岳高原和东北面的辽东平原的。那三个口子就是南口，古北口和山海关。北京可以说是向着这

本节的主要资料是根据燕京大学侯仁之教授在清华的讲演《北京的地理背景》写成的。

三条路出发的分岔点，这也成了今天北京城主要构成原因之一。北京是河北平原旱路北行的终点，又是通向“塞外”高原的起点。我们的祖先选择了这地方，不但建立一个聚落，并且发展成中国古代边区的重点，完全是适应地理条件的活动。这地方经过世代的发展，在周朝为燕国的都邑，称做蓟；到了唐是幽州城，节度使的府衙所在。在五代和北宋是辽的南京，亦称做燕京；在南宋是金的中都。到了元朝，城的位置东移，建设一新，成为全国政治的中心，就成了今天北京的基础。最难得的是明清两代易朝换代的时候都未经太大的破坏就又在旧基础上修建展拓。随着条件发展，到了今天，城中每段街、每一个区域都有着丰富的历史和劳动人民血汗的成绩。有纪念价值的文物实在是太多了。

名师点评

这段话简略介绍了北京的发展历程，表现了北京历史的悠久，使读者对北京有了更深的认识。

北京城近千年来的四次改建

一个城是不断的随着政治经济的变动而发展着改变着的，北京当然也非例外。但是在过去一千年中间，北京曾经有过四次大规模的发展，不单是动了土木工程，并且是移动了地址的大修建。对这些变动有个简单认识，对于北京城的布局形势便更觉得亲切。

现在北京最早的基础是唐朝的幽州城，它的中心在现在广安门外迤南一带。本为范阳节度使的驻地，安禄山和史思明向唐代政权进攻曾由此发动，所以当时是军事上重要的边城。后来刘仁恭父子割据称帝，把城中的“子城”改建成宫城的规模，有了宫殿。九三七年，北方民族的辽势力渐大，五代的石晋割了燕云等十六州给辽，辽人并不曾改动唐的幽州城，只加以修整，

名师点评

这里说的是中国历史上有名的“安史之乱”，由于发生在唐玄宗天宝年间，所以又称“天宝之乱”。

将它“升为南京”。这时的北京开始成为边疆上一个相当区域的政治中心了。

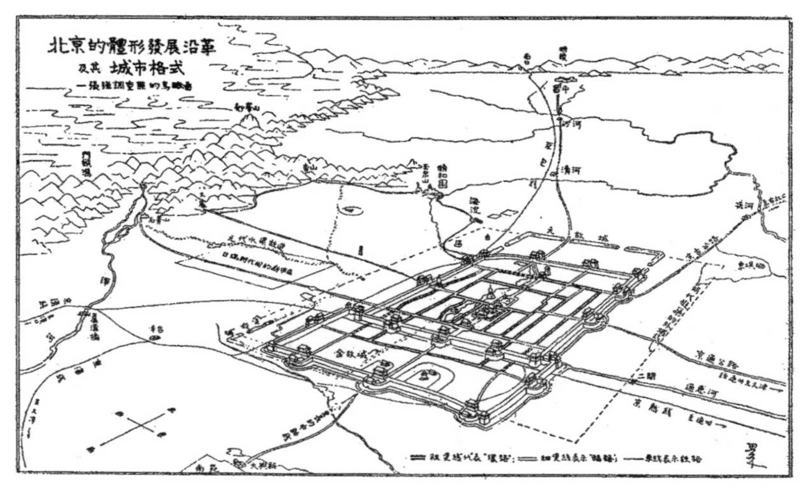

北京的体形发展沿革及其城市格式

到了更北方的民族金人的侵入时，先灭辽，又攻败北宋，将宋的势力压缩到江南地区，自己便承袭辽的“南京”，以它为首都。起初金也没有改建旧城，一一五一年才大规模的将辽城扩大，增建宫殿，意识地模仿北宋汴梁的形制，按图兴修。他把宋东京汴梁（开封）的宫殿苑囿和真定（正定）的潭园木料拆卸北运，在此大大建设起来，称它做中都，这时的北京便成了半个中国的中心。当然，许多辉煌的建筑仍然是中都的劳动人民和技术匠人，承继着北宋工艺的宝贵传统，又创造出来的。在金人进攻掳夺“中原”的时候，“匠户”也是他们掳劫的对象，所以汴梁的许多匠人曾被迫随着金军到了北京，为金的统治阶级服务。金朝在北京曾不断的营建，规模宏大，最重要的还有当时的离宫，今天的中海北海。辽以后，金在旧城基础上扩充建设，便是北京第一次的大改建，但它的东面城墙还在现在的琉璃厂以西。

一二一五年元人破中都，中都的宫城同宋的东京一样遭到剧烈破坏，只有郊外的离宫大略完好。一二六〇年以后，元世祖忽必烈数次到金故中都，都没有进城而驻驿在离宫琼华岛上的宫殿里。这地方便成了今天北京的胚胎，因为到了一二六七年元代开始建城的时候，就以这离宫为核心建造了新首都。元大都的皇宫是围绕北海和中海而布置的，元代的北京城便围绕着这皇宫成一正方形。

这样，北京的位置由原来的地址向东北迁移了很多。这新城的西南角同旧城的东北角差不多接壤，这就是今天的宣武门迤西一带。虽然金城的北面在现在的宣武门内，当时元的新城最南一面却只到现在的东西长安街一线上，所以两城还隔着一个小距离。主要原因是当元建新城时，金的城墙还没有拆掉之故。元代这次新建设是非同小可的，城的全部是一个完整的布局。在制度上有许多仍是承袭中都的传统，只是规模更大了。如宫门楼观，宫墙角楼，护城河，御路，石桥，千步廊的制度，不但保留中都所有，且超过汴梁的规模。还有故意恢复一些古制的，如“左祖右社”的格式，以配合“前朝后市”的形势。

词语在线

非同小可：形容事情重要或情况严重，不能轻视。

这一次新址发展的主要存在基础不仅是有天然湖沼的离宫和它优良的水源，还有极好的粮运的水道。什刹海曾是航运的终点，成了重要的市中心。当时的城是近乎正方形的，北面在今日北城墙外约二公里，当时的鼓楼便位置在全城的中心点上，在今什刹海北岸。因为船只可以在这一带停泊，钟鼓楼自然是那时热闹的商市中心。这虽是地理条件所形成，但一向许多人说到元代北京形制，总以这“前朝后市”为严格遵循古制的证据。元时建的尚是土城，没有砖面，东，西，南，

忽必烈

每面三门；惟有北面只有两门，街道引直，部署井然。当时分全市为五十坊，鼓励官吏人民从旧城迁来。这便是辽以后北京第二次的大改建。它的中心宫城基本上就是今天北京的故宫与北海中海。

词语在线

井然：形容整齐的样子。

一三六八年明太祖朱元璋灭了元朝，次年就“缩城北五里”，筑了今天所见的北面城墙。原因显然是本来人口就稀疏的北城地区，到了这时，因航运滞塞，不能达到什刹海，因而更萧条不堪，而商业则因金的旧城东壁原有的基础渐在元城的南面郊外繁荣起来。元的北城内地址自多旷废无用，所以索性缩短五里了。

明成祖朱棣迁都北京后，因衙署不足，又没有地址兴修，一四一九年便将南面城墙向南展拓，由长安街线上移到现在的位置。南北两墙改建的工程使整个北京城约略向南移动四分之一，这完全是经济和政治的直接影响。且为了元的故宫已故意被破坏过，重建时就又做了若干修改。最重要的是因不满城中南北中轴线为什刹海所切断，将宫城中线向东移了约一百五十公尺，正阳门、钟鼓楼也随着东移，以取得由正阳门到鼓楼钟楼中轴线的贯通，同时又以景山横亘在皇宫北面如一道屏风。这个变动使景山中峰上的亭子成了全城南北的中心，替代了元朝的鼓楼的地位。这五十年间陆续完成的三次大工程便是北京在辽以后的第三次改建。这时的北京城就是今天北京的内城了。

在明中叶以后，东北的军事威胁逐渐强大，所以要在城的四面再筑一圈外城。原拟在北面利用元旧城，所以就决定内外城的距离照着原来北面所缩的五里。这时正阳门外已非常繁荣，西边宣武门外是金中都东门内外的热闹区域，东边崇文门外这

名师点评

指东北的女真族（满族前身）逐渐发展壮大。

时受航运终点的影响，工商业也发展起来。所以工程由南面开始，先筑南城。开工之后，发现费用太大，尤其是城墙由明代起始改用砖，较过去土墙所费更大，所以就改变计划，仅筑南城一面了。外城东西仅比内城宽出六七百公尺，便折而向北，止于内城西南东南两角上，即今西便门，东便门之处。这是在唐幽州基础上辽以后北京第四次的大改建。北京今天的凸字形状的城墙就这样在一五五三年完成的。假使这外城按原计划完成，则东面城墙将在二闸，西面差不多到了公主坟，现在的东岳庙，大钟寺，五塔寺，西郊公园，天宁寺，白云观便都要在外城之内了。

清朝承继了明朝的北京，虽然个别的建筑单位许多经过了重建，对整个布局体系则未改动，一直到了今天。民国以后，北京市内虽然有不少的局部改建，尤其是道路系统，为适合近代使用，有了很多变更，但对于北京的全部规模则尚保存原来秩序，没有大的损害。

名师点评

作者再次总结了影响北京发展的要素，与本节开篇内容遥相呼应。

由那四次的大改建，我们认识到一个事实，就是城墙的存在也并不能阻碍城区某部分一定的发展，也不能防止某部分的衰落。全城各部分是随着政治，军事，经济的需要而有所兴废。北京过去在体形的发展上，没有被它的城墙限制过它必要的展拓和所展拓的方向，就是一个明证。

北京的水源——全城的生命线[①]

从元建大都以来，北京城就有了一个问题，不断的需要完满解决，到了今天同样问题也仍然存在。那就是北京城的水源

① 本节部分资料是根据侯仁之《北平金水河考》。

问题。这问题的解决与否在有铁路和自来水以前的时代里更严重的影响着北京的经济和全市居民的健康。

在有铁路以前，北京与南方的粮运完全靠运河。由北京到通州之间的通惠河一段，顺着西高东低的地势，须靠由西北来的水源。这水源还须供给什刹海，三海和护城河，否则它们立即枯竭，反成酝育病疫的水洼。水源可以说是北京的生命线。

词语在线

生命线：指保证生存和发展的最根本的因素。

北京近郊的玉泉山的泉源虽然是“天下第一”，但水量到底有限；供给池沼和饮料虽足够，但供给航运则不足了。辽金时代航运水道曾利用高梁河水，元初则大规模的重新计划。起初曾经引永定河水东行，但因夏季山洪暴发，控制困难，不久即放弃。当时的河渠故道在现在西郊新区之北，至今仍可辨认。废弃这条水道之后的计划是另找泉源。于是便由昌平县神山泉引水南下，建造了一条的石渠，将水引到瓮山泊（昆明湖）再由一道石渠东引入城，先到什刹海，再流到通惠河。这两条石渠在西北郊都有残迹，城中由什刹海到二闸的南北河道就是现在南北河沿和御河桥一带。元时所引玉泉山的水是与由昌平南下经同昆明湖入城的水分流的。这条水名金水河，沿途严禁老百姓使用，专引入宫苑池沼，主要供皇室的饮水和栽花养鱼之用。金水河由宫中流到护城河，然后同昆明湖什刹海那一股水汇流入通惠河。元朝对水源计划之苦心，水道建设规模之大，后代都不能及。城内地下暗沟也是那时留下绝好的基础，经明增设，到现在还是最可贵的下水道系统。

明朝先都南京，昌平水渠破坏失修，竟然废掉不用。由昆明湖出来的水与由玉泉山出来的水也不两河分流，事实上水源完全靠玉泉山的水。因此水量顿减，航运当然不能入城。到了清初建设时，曾作补救计划，将西山碧云寺、卧佛寺同香山的泉水都加入利用，引到昆明湖。这段水渠又破坏失修后，北京水量一直感到干涩不足。解放之前若干年中，三海和护城河淤塞情形是愈来愈严重，人民健康曾大受影响。龙须沟的情况就是典型的例子。

词语在线

疏浚:清除淤塞或挖深河槽使水流通畅。

一九五○年，北京市人民政府大力疏浚北京河道，包括三海和什刹海，同时疏通各种沟渠，并在西直门外增凿深井，增加水源。这样大大的改善了北京的环境卫生是北京水源史中又一次新的纪录。现在我们还可以企待永定河上游水利工程，眼看着将来再努力沟通京津水道航运的事业。过去伟大的通惠运河仍可再用，是我们有利的发展基础。

北京的城市格式——中轴线的特征

如上文所曾讲到，北京城的凸字形平面是逐步发展而来。它在十六世纪中叶完成了现在的特殊形状。城内的全部布局则是由中国历代都市的传统制度，通过特殊的地理条件，和元明清三代政治经济实际情况而发展的具体形式。这个格式的形成，一方面是遵循或承袭过去的一般的制度，一方面又由于所尊崇的制度同自己的特殊条件相结合所产生出来的变化运用。北京的体形大部是由于实际用途而来，又曾经过艺术的处理而达到高度成功的。所以北京的总平面是经得起分析的。过去虽然曾很好的为封建时代服务，今天它仍然能很好的为新民主主义时代的生活服务，并还可以再作社会主义时代的都城，毫不阻碍一切有利的发展。它的累积的创造成绩是永远可以使我们骄傲的。

名师点评

这里介绍了北京整体布局格式形成的原因。

大略的说，凸字形的北京，北半是内城，南半是外城，故宫为内城核心，也是全城的布局重心。全城就是围绕这中心而部署的。但贯通这全部部署的是一根直线。一根长达八公里，全世界最长，也最伟大的南北中轴线穿过了全城。北京独有的壮美秩序就由这条中轴的建立而产生。前后起伏左右对称的体形或空间的分配都是以这中轴为依据的。气魄之雄伟就在这个南北引申，一贯到底的规模。我们可以从外城最南的永定门说起，从这南端正门北行，在中轴线左右是天坛和先农坛两个约略对称的建筑群；经过长长一条市楼对列的大街，到达珠市口的十字街口之后，才面向着内城第一个重点——雄伟的正阳门楼。在门前百余公尺的地方，拦路一座大牌楼，一座大石桥，为这第一个重点做了前卫。但这还只是一个序幕。过了此点，从正阳门楼到中华门，由中华门到天安门，一起一伏、一伏而又起，这中间千步廊（民国初年已拆除）御路的长度，和天安门面前的宽度，是最大胆的空间的处理，衬托着建筑重点的安排。这个当时曾经为封建帝王据为己有的禁地，今天是多么恰当的回到人民手里，成为人民自己的广场！由天安门起，是一系列轻重不一的宫门和广庭，金色照耀的琉璃瓦顶，一层又一层的起伏峋峙，一直引导到太和殿顶，便到达中线前半的极点，然后向北，重点逐渐退削，以神武门为尾声。再往北，又“奇峰突起”的立着景山做了宫城背后的衬托。景山中峰上的亭子正在南北的中心点上。由此向北是一波又一波的远距离重点的呼应。由地安门，到鼓楼、钟楼，高大的建筑物都继续在中轴线上。但到了钟楼，中轴线便有计划地，也恰到好处地结束了。中线不再向北到达墙根，而将重点平稳地分配给左右分立的两个北

名师点评

作者将大牌楼、大石桥比作正阳门楼的前卫，形象生动，可以帮助读者很好地理解它们之间的相对位置。

面城楼——安定门和德胜门。有这样气魄的建筑总布局，以这样规模来处理空间，世界上就没有第二个！

在中线的东西两侧为北京主要街道的骨干；东西单牌楼和东西四牌楼是四个热闹商市的中心。在城的四周，在宫城的四角上，在内外城的四角和各城门上，立着十几个环卫的突出点。这些城门上的门楼，箭楼及角楼又增强了全城三度空间的抑扬顿挫和起伏高下。因北海和中海，什刹海的湖沼岛屿所产生的不规则布局，和因琼华岛塔和妙应寺白塔所产生的突出点，以及许多坛庙园林的错落，也都增强了规则的布局和不规则的变化的对比。在有了飞机的时代，由空中俯瞰，或仅由各个城楼上或景山顶上遥望，都可以看到北京杰出成就的优异。这是一份伟大的遗产，它是我们人民最宝贵的财产，还有人不感到吗？

词语在线

抑扬顿挫：（声音）高低起伏和停顿转折。

息息相关：呼吸相关联，形容关系密切。也说息息相通。

北京的交通系统及街道系统

北京是华北平原通到蒙古高原、热河山地和东北的几条大路的分岔点，所以在历史上它一向是一个政治、军事重镇。北京在元朝成为大都以后，因为运河的开凿，以取得东南的粮食，才增加了另一条东面的南北交通线。一直到今天，北京与南方联系的两条主要铁路干线都沿着这两条历史的旧路修筑；而京包、京热两线也正筑在我们祖先的足迹上。这是地理条件所决定。因此，北京便很自然的成了华北北部最重要的铁路衔接站。自从汽车运输发达以来，北京也成了一个公路网的中心。西苑南苑两个飞机场已使北京对外的空运有了站驿。这许多市外的交通网同市区的街道是息息相关互相衔接的，所以北京城是会每日增加它的现代效果和价值的。

今天所存在的城内的街道系统，用现代都市计划的原则来分析，是一个极其合理，完全适合现代化使用的系统。这是一个令人惊讶的事实，是任何一个中世纪城市所没有的。我们不得不又一次敬佩我们祖先伟大的智慧。

这个系统的主要特征在大街与小巷，无论在位置上或大小上，都有明确的分别；大街大致分布成几层合乎现代所采用的“环道”；由“环道”明确的有四向伸出的“辐道”。结果主要的车辆自然会汇集在大街上流通，不致无故地去窜小胡同，胡同里的住宅得到了宁静，就是为此。

所谓几层的环道，最内环是紧绕宫城的东西长安街、南北池子、南北长街、景山前大街。第二环是王府井、府右街，南北两面仍是长安街和景山前大街。第三环以东西交民巷，东单东四，经过铁狮子胡同、后门、北海后门、太平仓、西四、西单而完成。这样还可更向南延长，经宣武门、菜市口、珠市口、磁器口而入崇文门。近年来又逐步地开辟一个第四环，就是东城的南北小街、西城的南北沟沿、北面的北新桥大街，鼓楼东大街，以达新街口。但鼓楼与新街口之间因有什刹海的梗阻，要多少费点事。南面则尚未成环（也许可与交民巷衔接）。这几环中，虽然有多少尚待展宽或未完全打通的段落，但极易完成。这是现代都市计划学家近年来才发现的新原则。欧美许多城市都在它们的弯曲杂乱或呆板单调的街道中努力计划开辟成环道，以适应控制大量汽车流通的迫切需要。我们的北京却可应用六百年前建立的规模，只须稍加展宽整理，便可成为最理想的街道系统。这的确是伟大的祖先留给我们的“余荫”。

名师点评

作者简单介绍了她那个时代北京环道的分布情况，使读者对那一时期的北京城有了一个大概的了解。

有许多人不满北京的胡同，其实胡同的缺点不在其小，而在其泥泞和缺乏小型空场与树木。但它们都是安静的住宅区，有它的一定优良作用。在道路系统的分配上也是一种很优良的秩序。这些便是以后我们发展的良好基础，可以予以改进和提高的。

北京城的土地使用——分区

我们不敢说我们的祖先计划北京城的时候，曾经计划到它的土地使用或分区。但我们若加以分析，就可看出它大体上是分了区的，而且在位置上大致都适应当时生活的要求和社会条件。

内城除紫禁城为皇宫外，皇城之内的地区是内府官员的住宅区。皇城以外，东西交民巷一带是各衙署所在的行政区（其中东交民巷在辛丑条约之后被划为“使馆区”）。而这些住宅的住户，有很多就是各衙署的官员。北城是贵族区，和供应他们的商店区，这区内王府特别多。东西四牌楼是东西城的两个主要市场；由它们附近街巷名称，就可看出。如东四牌楼附近是猪市大街、小羊市、驴市（今改“礼士”）胡同等；西四牌楼则有马市大街、羊市大街、羊肉胡同、缸瓦市等。

名师点评

《辛丑条约》是1901年（农历辛丑年）清政府和英、美、法、德、俄、日、意、奥、西、荷、比十一国政府签订的一个不平等条约。

至于外城，大体的说，正阳门大街以东是工业区和比较简陋的商业区，以西是最繁华的商业区。前门以东以商业命名的街道有鲜鱼口、瓜子店、果子市等；工业的则有打磨厂、梯子胡同等等。以西主要的是珠宝市、钱市胡同、大栅栏等，是主要商店所聚集；但也有粮食店、煤市街。崇文门外则有巾帽胡同、木厂胡同、花市、草市、磁器口等等，都表示着这一带的土地使用性质。宣武门外是京官住宅和各省府州县会馆区，会馆是各省入京应试的举人们的招待所，因此知识分子大量集中在这一带。应景而生的是他们的“文化街”，即供应读书人的琉璃厂的书铺集团，形成了一个“公共图书馆”；其中掺杂着许多古玩铺，又正是供给知识分子观摩的“公共文物馆”。其次要提到的就是文娱区；大多数的戏院都散布在前门外东西两侧的商业区中间。大众化的杂耍场集中在天桥。至于骚人雅士们则常到先农坛迤西洼地中的陶然亭吟风咏月，饮酒赋诗。

由上面的分析，我们可以看出，以往北京的土地使用，的确有分区的现象。但是除皇城及它迤南的行政区是多少有计划的之外，其他各区都是在发展中自然集中而划分的。这种分区情形，到民国初年还存在。

到现在，除去北城的贵族已不贵了，东交民巷又由“使馆区”收复为行政区而仍然兼是一个有许多已建立邦交的使馆或尚未建立邦交的使馆所在区，和西交民巷成了银行集中的商务区而外，大致没有大改变。近二三十年来的改变，则在外城建立了几处工厂。王府井大街因为东安市场之开辟，再加上供应东交民巷帝国主义外交官僚的消费，变成了繁盛的零售商店街，部分夺取了民国初年军阀时代前门外的繁荣。东西单牌楼之间则因长安街三座门之打通而繁荣起来，产生了沿街“洋式”店楼型制。全城的土地使用，比清末民初时期显然增加了杂乱错综的现象。幸而因为北京以往并不是一个工商业中心，体形环境方面尚未受到不可挽回的损害。

词语在线

应景：①为了适应当前情况而勉强做某事。②适合当时的节令。

邦交：国与国之间的正式外交关系。

北京城是一个具有计划性的整体

北京是中国（可能是全世界）文物建筑最多的城。元、明、清历代的宫苑，坛庙，塔寺分布在全城，各有它的历史艺术意义，是不用说的。要再指出的是：因为北京是一个先有计划然后建造的城（当然，计划所实现的都曾经因各时代的需要屡次修正，而不断地发展的）。它所特具的优点主要就在它那具有计划性的城市的整体。那宏伟而庄严的布局，在处理空间和分配重点上创造出卓越的风格，同时也安排了合理而有秩序的街道系统，而不仅在它内部许多个别建筑物的丰富的历史意义与艺术的表现。所以我们首先必须认识到北京城部署骨干的卓越，北京建筑的整个体系是全世界保存得最完好，而且继续有传统的活力的、最特殊、最珍贵的艺术杰作。这是我们对北京城不可忽略的起码认识。

就大多数的文物建筑而论，也都不仅是单座的建筑物，而往往是若干座合组而成的整体，为极可宝贵的艺术创造，故宫就是最显著的一个例子。其他如坛庙、园苑、府第，无一不是整组的文物建筑，有它全体上的价值。我们爱护文物建筑，不仅应该爱护个别的一殿，一堂，一楼，一塔，而且必须爱护它的周围整体和邻近的环境。我们不能坐视，也不能忍受一座或一组壮丽的建筑物遭受到各种各式直接或间接的破坏，使它们委曲在不调和的周围里，受到不应有的宰割。过去因为帝国主义的侵略，和我们不同体系，不同格调的各型各式的所谓洋式楼房，所谓摩天高楼，摹仿到家或不到家的欧美系统的建筑物，庞杂凌乱的大量渗到我们的许多城市中来，长久地劈头拦腰破坏了我们的建筑情调，渐渐地麻痹了我们对于环境的敏感，使我们习惯于不调和的体形或习惯于看着自己优美的建筑物被摒斥到委曲求全的夹缝中，而感到无可奈何。我们今后在建设中，这种错误是应该予以纠正了。代替这种蔓延野生的恶劣建筑，

名师点评

作者在这里提出了爱护文物建筑的方式，体现出她对文物建筑的整体价值的看重。

词语在线

委曲求全：勉强迁就，以求保全；为顾全大局而暂时忍让。

必须是有计划有重点的发展，比如明年，在天安门的前面，广场的中央，将要出现一座庄严伟大的人民英雄纪念碑。几年以后，广场的外围将要建起整齐壮丽的建筑，将广场衬托起来。长安门（三座门）外将是绿荫平阔的林荫大道，一直通出城墙，使北京向东西城郊发展。那时的天安门广场将要更显得雄壮美丽了。总之，今后我们的建设，必须强调同环境配合，发展新的来保护旧的，这样才能保存优良伟大的基础，使北京城永远保持着美丽、健康和年轻。

北京城内城外无数的文物建筑，尤其是故宫、太庙（现在的劳动人民文化宫）、社稷坛（中山公园）、天坛、先农坛、孔庙、国子监、颐和园等等，都普遍地受到人们的赞美。但是一件极重要而珍贵的文物，竟没有得到应有的注意，乃至被人忽视，那就是伟大的北京城墙。它的产生，它的变动，它的平面形成凸字形的沿革，充满了历史意义，是一个历史现象辩证的发展的卓越标本，已经在上文叙述过了。至于它的朴实雄厚的壁垒，宏丽嶙峋的城门楼、箭楼、角楼，也正是北京体形环境中不可分离的艺术构成部分，我们还需要首先特别提到。苏联人民称斯摩棱斯克的城墙为苏联的颈链，我们北京的城墙，加上那些美丽的城楼，更应称为一串光彩耀目的中华人民的璎珞了。古史上有许多著名的台——古代封建主的某些殿宇是筑在高台上的，台和城墙有时不分，——后来发展成为唐宋的阁与楼时，则是在城墙上含有纪念性的建筑物，大半可供人民登临。前者如春秋战国燕和赵的丛台，西汉的未央宫，汉末曹操和东晋石赵在邺城的先后两个铜雀台，后者如唐宋以来由文字流传后世的滕王阁、黄鹤楼、岳阳楼等。宋代的宫前门楼宣德楼的作用

词语在线

国子监：我国封建时代最高的教育管理机关，有的朝代兼为最高学府。

名师点评

这里所说的“文字”指唐王勃的《滕王阁序》、唐崔颢的《黄鹤楼》和宋范仲淹的《岳阳楼记》等文学作品。

也还略像一个特殊的前殿，不只是一个仅具形式的城楼。北京峋峙着许多壮观的城楼角楼，站在上面俯瞰城郊，远览风景，可以供人娱心悦目，舒畅胸襟。但在过去封建时代里，因人民不得登临，事实上是等于放弃了它的一个可贵的作用。今后我们必须好好利用它为广大人民服务。现在前门箭楼早已恰当地作为文娱之用。在北京市各界人民代表会议中，又有人建议用崇文门、宣武门两个城楼做陈列馆，以后不但各城楼都可以同样的利用，并且我们应该把城墙上面的全部面积整理出来，尽量使它发挥它所具有的特长。城墙上面面积宽敞，可以布置花池，栽种花草，安设公园椅，每隔若干距离的敌台上可建凉亭，供人游息。由城墙或城楼上俯视护城河，与郊外平原，远望西山远景或禁城宫殿，它将是世界上最特殊公园之一——一个全长达三九．七五公里的立体环城公园！

我们应该怎样保护这庞大的伟大的杰作

人民中国的首都正在面临着经济建设，文化建设——市政建设高潮的前夕。解放两年以来，北京已在以递加的速率改变，以适合不断发展的需要。今后一二十年之内，无数的新建筑将要接踵的兴建起来，街道系统将加以改善，千百条的大街小巷将要改观，各种不同性质的区域将要划分出来。北京城是必须现代化的；同时北京城原有的整体文物性特征和多数个别的文物建筑又是必须保存的。我们必须“古今兼顾，新旧两利”。我们对这许多错综复杂问题应如何处理？是每一个热爱中国人民首都的人所关切的问题。

如同在许多其他的建设工作中一样，先进的苏联已为我们解答了这问题，立下了良好的榜样。在《苏联沦陷区解放后之重建》一书中，苏联的建筑史家N.窝罗宁教授说：

“计划一个城市的建筑师必须顾到他所计划的地区生活的历史传统和建筑的传统。在他的设计中，必须保留合理的、有历史价值的一切和在房屋类型和都市计划中，过去的经验所形成的特征的一切；同时这城市或村庄必须成为自然环境中的一部分。……新计划的城市的建筑样式必须避免呆板硬性的规格化，因为它将掠夺了城市的个性；他必须采用当地居民所珍贵的一切。

“人民在便利、经济和美感方面的需要，他们在习俗与文化方面的需要，是重建计划中所必须遵守的第一条规则。”[①]

名师点评

作者在这里引用苏联建筑史学家N.窝罗宁教授的话为自己的观点“古今兼顾，新旧两利”提供了有力论证，增强了自己观点的说服力。

窝罗宁教授在他的书中举了许多实例。其中一个被称为“俄罗斯的博物院”的诺夫哥罗德城，这个城的“历史性文物建筑比任何一个城都多”。

“它的重建是建筑院院士舒舍夫负责的。他的计划作了依照古代都市计划制度重建的准备——当然加上现代化的改善。……在最卓越的历史文物建筑周围的空地将布置成为花园，以便取得文物建筑的观景。若干组的文物建筑群将被保留为国宝；……

“关于这城……的新建筑样式，建筑师们很正确地拒绝了庸俗的‘市侩式’建筑，而采取了被称为‘地方性的拿破仑时代式’建筑，因为它是该城原有建筑中最典型的样式。

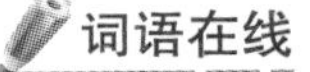

词语在线

市侩：本指买卖的中间人，后指唯利是图的奸商，也指贪图私利的人。

“……建筑学者们指出：在计划重建新的诺夫哥罗德的设计中，要给予历史性文物建筑以有利的位置，使得在远处近处都可以看见它们的原则的正确性。

① 引自Z.窝罗宁著《苏联沦陷区解放后之重建》1944年英文版第16页。

“对于许多类似诺夫哥罗德的古俄罗斯城市之重建的这种研讨将要引导使问题得到最合理的解决，因为每一个意见都是对于以往的俄罗斯文物的热爱的表现。”①

怎样建设“中国的博物院”的北京城，上面引录的原则是正确的。让我们向诺夫哥罗德看齐，向舒舍夫学习。

一九五一年四月十五日

脱稿于清华园

（本文由梁思成与林徽因合作，初刊于1951年4月《新观察》第2卷第7、8期）

品读赏析

文章开始，作者从北京的外在呈现写到内在蕴含，从这两个方面对北京这个具有深厚底蕴的历史名城进行了高度赞扬；然后分别从地理位置、历史改建、水源、城市格式、交通街道系统、土地使用、整体计划性等角度对北京的特点进行了一一剖析；最后提出“保护”的观点——“古今兼顾，新旧两利”。前面详尽的剖析，为最后这一观点的提出做了有力的铺垫。

① 引自Z.窝罗宁著《苏联沦陷区解放后之重建》1944年英文版第79页。

相辅相成　非同小可　井然　抑扬顿挫　息息相关　委曲求全

·北京曾经是封建帝王威风的中心，军阀和反动势力的堡垒，今天它却是初落成的，照耀全世界的民主灯塔。

·它曾经是没落到只能引起无限“思古幽情”的旧京，也曾经是忍受侵略者铁蹄践踏的沦陷城，现在它却是生气蓬勃地在迎接社会主义曙光中的新首都。

·这整个的体形环境增强了我们对于伟大的祖先的景仰，对于中华民族文化的骄傲，对于祖国的热爱。

·最重要的是因不满城中南北中轴线为什刹海所切断，将宫城中线向东移了约一百五十公尺，正阳门、钟鼓楼也随着东移，以取得由正阳门到鼓楼钟楼中轴线的贯通，同时又以景山横亘在皇宫北面如一道屏风。

·在门前百余公尺的地方，拦路一座大牌楼，一座大石桥，为这第一个重点做了前卫。

思考练习

1.作者分别从哪些角度阐述了北京的特点？

2.作者认为保护北京应遵循怎样的原则？

谈北京的几个文物建筑

北京是中国乃至世界文物建筑最多的城市。北京的文物建筑有的充满历史意义，有的具有很高的艺术价值。北京的文物建筑太多了，作者没有选择那些著名的、为人熟知的文物建筑来介绍，而是选择了一些不著名但有特殊历史价值和艺术价值的建筑，以引起人们对北京更大的兴趣。接下来，就让我们来看看她都介绍了哪些文物建筑吧。

北京是中国——乃至全世界——文物建筑最多的城市。城中极多的建筑物或是充满了历史意义，或具有高度艺术价值。现在全国人民都热爱自己的首都，而这些文物建筑又是这首都可爱的内容之一，人人对它们有浓厚的兴趣，渴望多认识多了解它们，自是意中的事。

北京的文物建筑实在是太多了，其中许多著名而已为一般人所熟悉的，这里不谈；现在笔者仅就一些著名而比较不受人注意的，和平时不著名而有特殊历史和艺术上价值的提出来介绍，以引起人们对首都许多文物更大的兴趣。

还有一个事实值得我们注意的，笔者也要在此附笔告诉大

词语在线

附笔：书信、文件等写完后另外加上的话。

家。那就是：丰富的北京历代文物建筑竟是从来没有经过专家或学术团体做过有系统的全面调查研究；现在北京的文物还如同荒山丛林一样等待我们去开发。关于许许多多文物建筑和园林名胜的历史沿革，实测图说，和照片、模型等可靠资料都极端缺乏。

在这种调查研究工作还不能有效地展开之前，我们所能知道的北京资料是极端散漫而不足的，笔者不但限于资料，也还限于自己知识的不足，所以所能介绍的文物仅是一鳞半爪，希望抛砖引玉，借此促起熟悉北京的许多人们将他们所知道的也写出来——大家来互相补充彼此对北京的认识。

词语在线

抛砖引玉：谦辞，比喻用粗浅的、不成熟的意见引出别人高明的、成熟的意见。

天安门前广场和千步廊的制度

北京的天安门广场，这个现在中国人民最重要的广场，在前此数百年中，主要只供封建帝王一年一度祭天时出入之用。一九一九年“五四”运动爆发，中国人民革命由这里开始，这才使这广场成了政治斗争中人民集中的地点。到了三十年后的十月一日中国人民伟大英明的领袖毛泽东主席在天安门楼上向全世界昭告中华人民共和国的成立，这个广场才成了我们首都最富于意义的地点。天安门已象征着我们中华人民共和国，成为国徽中主题，在五星下放出照耀全世界的光芒，更是全国人民所热爱的标志，永在人们眼前和心中了。

名师点评

这里以国徽的设计为例，强调了天安门在全国人民心中的重要位置。

这样人人所熟悉，人人所尊敬热爱的天安门广场本来无须再来介绍，但当我们提到它体型风格这方面和它形成的来历时，还有一些我们可以亲切地谈谈的。我们叙述它的过去，也可以讨论它的将来各种增建修整的方向。

这个广场的平面是作“丁”字形的。“丁”字横划中间，北面就是那楼台峋峙规模宏壮的天安门。楼是一横列九开间的大殿，上面是两层檐的黄琉璃瓦顶，檐下丹楹藻绘，这是典型的、秀丽而兼严肃的中国大建筑物的体形。上层瓦坡是用所谓“歇山造”的格式。这就是说它左右两面的瓦坡，上半截用垂直的“悬山”，下半截才用斜坡，和前后的瓦坡在斜脊处汇合。这个做法同太和殿的前后左右四个斜坡的“庑殿顶”，或称“四阿顶”的是不相同的。“庑殿顶”气魄较雄宏，“歇山顶”则较挺秀，姿势错落有致些。天安门楼台本身壮硕高大，朴实无华，中间五洞门，本有金钉朱门，近年来常年洞开，通入宫城内端门的前庭。

广场“丁”字横划的左右两端有两座砖筑的东西长安门。每座有三个券门，所以通常人们称它们为“东西三座门”。这两座建筑物是明初遗物。体型比例甚美，材质也朴实简单。明的遗物中常有纯用砖筑，饰以着色琉璃砖瓦较永远性的建筑物，这两门也就是北京明代文物中极可宝贵的。它们的体型在世界古典建筑中也应有它们的艺术地位。这两门同“丁”字直划末端中华门（也是明建的）鼎足而三，是广场的三个入口，也是天安门的两个掖卫与前哨，形成“丁”字各端头上的重点。

词语在线

鼎足：鼎的腿，比喻三方面对立的局势。

全场周围绕着覆着黄瓦的红墙，铺着白石的板道。此外横亘场的北端的御河上还有五道白石桥和它们上面雕刻的栏杆，桥前有一双白石狮子，一对高达八公尺的盘龙白石华表。这些很简单的点缀物，便构成了这样一个伟大的地方。全场的配色限制在红色的壁面，黄色的琉璃瓦，带米白色的石刻和沿墙一些树木。这样以纯红、纯黄、纯白的简单的基本颜色来衬托北京蔚蓝的天空，恰恰给人以无可比拟的庄严印象。

中华门以内沿着东西墙，本来有两排长廊，约略同午门前的廊子相似，但长得多。这两排廊子正式的名称叫做“千步廊”，是皇宫前很美丽整肃的一种附属建筑。这两列千步廊在庚子年毁于侵略军队八国联军之手，后来重修的，工程恶劣，已于民国初年拆掉，所以只余现在的两道墙。如果条件成熟，将来我们整理广场东西两面建筑之时，或者还可以恢复千步廊，增建美好的两条长长的画廊，以供人民游息。廊屋内中便可布置有文化教育意义的短期变换的展览。

名师点评

这里是说千步廊毁于1900年八国联军侵华战争。

这所谓千步廊是怎样产生的呢？谈起来，它的来历与发展是很有意思的。它的确是街市建设一种较晚的格式与制度，起先它是宫城同街市之间的点缀，一种小型的“绿色区”。金、元之后才被统治者拦入皇宫这一边，成为宫前禁地的一部分，而把人民拒于这区域之外。

据我们所知道的汉、唐的两京，长安和洛阳，都没有这千步廊的形制。但是至少在唐末与五代城市中商业性质的市廊却是很发展的。长列廊屋既便于存贮来往货物，前檐又可以遮蔽风雨以便行人，购售的活动便都可以得到方便。商业性质的廊屋的发展是可以理解的，它的普遍应用是由于实际作用而来。至今地名以廊为名而表示商区性质的如南京的估衣廊等等是很多的。实际上以廊为一列店肆的习惯，则在今天各县城中还可以到处看到。

当汴梁（今开封）还不是北宋的首都以前，因为隋开运河，汴河为其中流，汴梁已成了南北东西交通重要的枢纽，为一个商业繁盛的城市。南方的“粮斛百货”都经由运河入汴，可达

名师点评

京杭大运河，世界上最长的一条人工运河，是中国重要的一条南北水上干线。

到洛阳长安。所以是“自江淮达于河洛，舟车辐辏”而被称为雄郡。城的中心本是节度使的郡署，到了五代的梁朝将汴梁改为陪都，才创了宫殿。但这不是我们的要点，汴梁最主要的特点是有四条水道穿城而过,它的上边有许多壮美的桥梁，大的水道汴河上就有十三道桥，其次蔡河上也有十一道，所以那里又产生了所谓“河街桥市”的特殊布局。商业常集中在桥头一带。

上边说的汴州郡署的前门是正对着汴河上一道最大的桥，俗称“州桥”的。它的桥市当然也最大，郡署前街两列的廊子可能就是这种桥市。到北宋以汴梁为国都时，这一段路被称为“御街”，而两边廊屋也就随着被称为御廊，禁止人民使用了。据《东京梦华录》记载：宫门宣德门南面御街约阔三百余步，两边是御廊，本许市人买卖其间，自宋徽宗政和年号之后，官司才禁止的。并安立黑漆舣子在它前面，安朱漆舣子两行在路心，中心道不得人马通行。行人都拦在朱舣子以外，舣内有砖石砌御沟水两道，尽植莲荷，近岸植桃李梨杏杂花，“春夏之月望之如绣”。商业性质的市廊变成“御廊”的经过，在这里便都说出来了。由全市环境的方面看来，这样地改变了嘈杂商业区域成为一种约略如广场的修整美丽的风景中心，不能不算是一种市政上的改善。且人民还可以在朱舣子外任意行走，所谓御街也还不是完全的禁地。到了元宵灯节，那里更是热闹。成为大家看灯娱乐的地方。宫门宣德楼前的“御街”和“御廊”对着汴河上大洲桥显然是宋东京部署上一个特色。此后历史上事实证明这样一种壮美的部署被金、元抄袭，用在北京，而由明清保持下来成为定制。

名师点评

《东京梦华录》是宋代孟元老的笔记体散记文，追述了北宋都城东京开封府的城市风俗人情。

金人是文化水平远比汉族落后的游牧民族，当时以武力攻败北宋懦弱无能的皇室后，金朝的统治者便很快地要摹仿宋朝的文物制度,享受中国劳动人民所累积起来的工艺美术的精华，尤其是在建筑方面。金朝是由一一四九年起开始他们建筑的活动，迁都到了燕京，称为中都，就是今天北京的前身，在宣武门以西越出广安门之地，所谓“按图兴修宫殿”，“规模宏大”，制度“取法汴京”，就都是慕北宋的文物，蓄意要接受它的宝贵遗产与传统的具体表现。“千步廊”也就是他们所爱慕的一种建筑传统。

名师点评

燕京，就是现在的北京，因古时为燕国都城而得名。

金的中都自内城南面天津桥以北的宣阳门起，到宫门的应天楼，东西各有廊二百余间，中间驰道宏阔，两旁植柳。当时南宋的统治者曾不断遣使到“金庭”来，看到金的“规制堂皇，仪卫华整”写下不少深刻的印象。他们虽然曾用优越的口气说金的建筑殿阁崛起不合制度，但也不得不承认这些建筑“工巧无遗力”。其实那一切都是我们民族的优秀劳动人民勤劳的创造，是他们以生命与血汗换来的，真正的工作是由于“役民伕八十万，兵伕四十万”并且是“作治数年，死者不可胜计”的牺牲下做成的。当时美好的建筑都是劳动人民的果实，却被统治者所独占。北宋时代商业性的市廊改为御廊之后，还是市与宫之间的建筑，人民还可以来往其间。到了金朝，特意在宫城前东西各建二百余间，分三节，每节有一门，东向太庙，西向尚书省，北面东西转折又各有廊百余间，这样的规模，已是宫前门禁森严之地，不再是老百姓所能够在其中走动享受的地方了。

名师点评

句中的两句引文，皆出自南宋文学家范成大的《揽辔录》，强调了文中所说的那些文物建筑的来之不易。

到了元的大都记载上正式的说，南门内有千步廊，可七百步，建灵星门，门内二十步许有河，河上建桥三座名周桥。汴梁时的御廊和州桥，这时才固定地称做“千步廊”和“周桥”，成为宫前的一种格式和定制，将它们从人民手中掳夺过去，附属于皇宫方面。

明清两代继续用千步廊作为宫前的附属建筑。不但午门前有千步廊到了端门，端门前东西还有千步廊两节，中间开门，通社稷坛和太庙。当一四一九年将北京城向南展拓，南面城墙由现在长安街一线南移到现在的正阳门一线上，端门之前又有天安门，它的前面才再产生规模更大而开展的两列千步廊到了中华门。这个宫前广庭的气魄更超过了宋东京的御街。

这样规模的形制当然是宫前一种壮观，但是没有经济条件是建造不起来的，所以终南宋之世，它的首都临安的宫前再没有力量继续这个美丽的传统，而只能以细沙铺成一条御路。而御廊格式反是由金、元两代传至明、清的，且给了“千步廊”这个名称。

我们日后是可能有足够条件和力量来考虑恢复并发展我们传统中所有美好的体型的。广场的两旁也是可以建造很美丽的长廊的。当这种建筑环境不被统治者所独占时，它便是市中最可爱的建筑型类之一，有益于人民的精神生活。正如层塔的峋峙，长廊的周绕也是最代表中国建筑特征的体型。用于各种建筑物之间它是既有实用，而又美丽的。

名师点评

作者用“可爱”一词来形容建筑，是因为它们为人民所用，这正符合作者的观点——建筑是为人民服务的。

团城——古代台的实例

北海琼华岛是今日北京城的基础，在元建都以前那里是金的离宫，而元代将它作为宫城的中心，称做万寿山。北海和中海为太液池。团城是其中又特殊又重要的一部分。

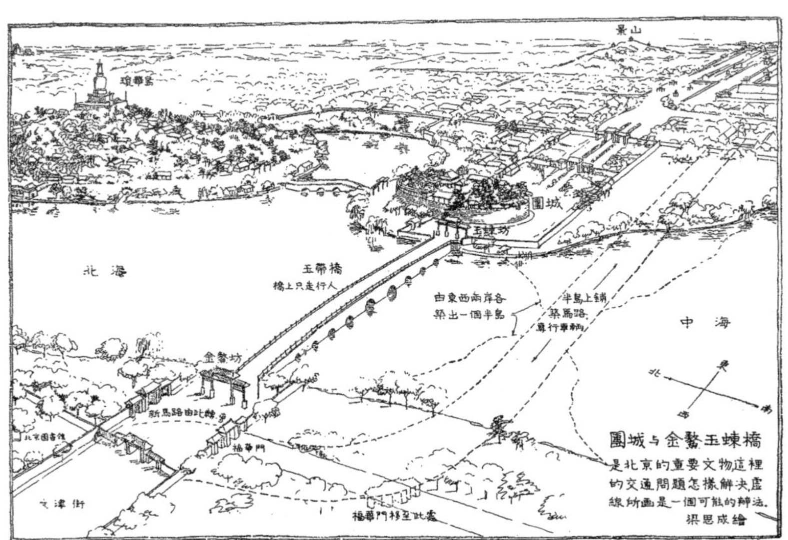

团城与金鳌玉蛛桥

元的皇宫原有三部分，除正中的“大内”外，还有兴圣宫在万寿山之正西，即今北京图书馆一带。兴圣宫之前还有隆福宫。团城在当时称为“瀛洲圆殿”，也叫仪天殿，在池中一个圆坻上。换句话说，它是一个岛，在北海与中海之间。岛的北面一桥通琼华岛（今天仍然如此），东面一桥同当时的“大内”连络，西面是木桥，长四百七十尺，通兴圣宫，中间辟一段，立柱架梁在两条船上才将两端连接起来，所以称吊桥。当皇帝去上都（察哈尔省多伦附近）时，留守官则移舟断桥，以禁往来。明以后这桥已为美丽的石造的金鳌玉蛛桥所代替，而团城东边已与东岸相连，成为今日北海公园门前三座门一带地方。所以团城本是北京城内最特殊、最秀丽的一个地点。现今的委曲地位使人不易感觉到它所曾处过的中心地位。在我们今后改善道路系统时是必须加以注意的。

团城之西，今日的金鳌玉蛛桥是一条美丽的石桥，正对团城，两头各立一牌楼，桥身宽度不大，横跨北海与中海之间，玲珑如画，还保有当时这地方的气氛。但团城以东，北海公园的前门与三座门间，曲折迫隘，必须加宽，给团城更好的布置，才能恢复它周围应有的衬托。到了条件更好的时候，北海公园的前门与围墙，根本可以拆除，团城与琼华岛间的原来关系，将得以更好地呈现出来。过了三座门，转北转东，到了三座门大街的路旁，北面猥小庞杂的小店面和南面的筒子河太不相称；转南至北长街北头的路东也有小型房子阻挡风景，尤其是没有道理，今后一一都应加以改善。尤其重要的，金鳌玉蛛桥虽美，它是东西城间重要交通孔道之一，桥身宽度不足以适应现代运输工具的需要条件，将来必须在桥南适当地点加一道横堤来担任车辆通行的任务，保留桥本身为行人缓步之用。堤的型式绝不能同桥梁重复，以削弱金鳌玉蛛桥驾凌湖心之感，所以必须低平和河岸略同。将来由桥上俯瞰堤面的“车马如织”，由堤上仰望桥上行人则“有如神仙中人”，也是一种奇景。我相信很多办法都可以考虑周密计划得出来的。

名师点评

将金鳌玉蛛桥上的行人比作神仙中人，可见在作者眼中，金鳌玉蛛桥就是仙境，突出了金鳌玉蛛桥的艺术价值。

此外，现在团城的格式也值得我们注意。台本是中国古代建筑中极普通的类型。从周文王的灵台和春秋秦汉的许多的台，可以知道它在古代建筑中是常有的一种，而在后代就越来越少了。古代的台大多是封建统治阶级登临游宴的地方，上面多有殿堂廊庑楼阁之类，曹操的铜雀台就是杰出的一例。据作者所知，现今团城已是这种建筑遗制的唯一实例，故极可珍贵。现在上面的承光殿代替了元朝的仪天殿，是一六九〇年所重建。殿内著名的玉佛也是清代的雕刻。殿前大玉瓮则是元世祖忽必烈“特诏雕造”，本来是琼华岛上广寒殿的“寿山大玉海”，殿毁后失而复得，才移此安置。这个小台是同琼华岛上的大台遥遥相对。它们的关系是很密切的，所以在下文中我们还要将琼华岛一起谈到的。

北海琼华岛白塔的前身

北海的白塔是北京最挺秀的突出点之一，为人人所常能望见的。这塔的式样属于西藏化的印度窣堵波。元以后北方多建造这种式样。我们现在要谈的重点不是塔而是它的富于历史意义的地址。它同奠定北京城址的关系最大。

名师点评

窣（sū）堵波，梵语的音译，即佛塔。

本来琼华岛上是一高台，上面建着大殿，还是一种古代台的形制。相传是辽萧太后所居，称“妆台”。换句话说，就是在辽的时代所还保持着的唐的传统。金朝将就这个卓越的基础和北海中海的天然湖沼风景，在此建筑有名的离宫——大宁宫。元世祖攻入燕京时破坏城区，而注意到这个美丽的地方，便住这里大台之上的殿中。

到了元筑大都，便依据这个宫苑为核心而设计的。就是上文中所已经谈到的那鼎足而立的三个宫；所谓“大内”兴圣宫，和隆福宫，以北海中海的湖沼（称太液池）做这三处的中心，而又以大内为全个都城的核心。忽必烈不久就命令重建岛上大殿，名为广寒殿。上面绿荫清泉，为避暑胜地。马可波罗（意大利人）在那时到了中国，得以见到，在他的游记中曾详尽地叙述这清幽伟丽奇异的宫苑台殿，说有各处移植的奇树，殿亦作翠绿色，夏日一片清凉。

明灭元之后，曾都南京，命大臣来到北京毁元旧都。有萧

洵其人随着这个“破坏使团”而来，他遍查元故宫，心里不免爱惜这样美丽的建筑精华，要遭到无情的破坏，所以一切他都记在他所著的《元故宫遗录》中。

据另一记载（《日下旧闻考》引《太岳集》）明成祖曾命勿毁广寒殿。到了万历七年（一五七九）五月“忽自倾圮，梁上有至元通宝的金钱等”。其实那时据说瓦甓已坏，只存梁架，木料早已腐朽，危在旦夕，当然容易忽自倾圮了。

词语在线

危在旦夕：指危险就在眼前。

现在的白塔是清初一六五一年——即广寒殿倾圮后七十三年，在殿的旧址上建立的。距今又整整三百年了。知道了这一些发展过程，当我们遥望白塔在朝阳夕照之中时，心中也有了中国悠久历史的丰富感觉，更珍视各朝代中人民血汗所造成的种种成绩。所不同的是当时都是被帝王所占有的奢侈建设，当他们对它厌倦时又任其毁去，而从今以后，一切美好的艺术果实就都属于人民自己，而我们必尽我们的力量永远加以保护。

（初刊于1951年8月6日《新观察》第3卷2期，署名林徽因）

品读赏析

作者在这篇论文中，从历史角度介绍了一些著名但不太引人注意、不著名却具有特殊价值的文物建筑——天安门前广场和千步廊、团城、北海琼华岛白塔。作者之所以选择介绍这些建筑，主要是为了让人们了解古建筑的价值，对它们提起兴趣，并产生保护意识。

写作积累

一鳞半爪　抛砖引玉　错落有致　遥遥相对　危在旦夕

·丰富的北京历代文物建筑竟是从来没有经过专家或学术团体做过有系统的全面调查研究；现在北京的文物还如同荒山丛林一样等待我们去开发。

·在这种调查研究工作还不能有效地展开之前，我们所能知道的北京资料是极端散漫而不足的，笔者不但限于资料，也还限于自己知识的不足，所以所能介绍的文物仅是一鳞半爪，希望抛砖引玉，借此促起熟悉北京的许多人们将他们所知道的也写出来——大家来互相补充彼此对北京的认识。

·天安门已象征着我们中华人民共和国，成为国徽中主题，在五星下放出照耀全世界的光芒，更是全国人民所热爱的标志，永在人们眼前和心中了。

·这两门同“丁”字直划末端中华门（也是明建的）鼎足 而三，是广场的三个入口，也是天安门的两个掖卫与前哨，形成“丁”字各端头上的重点。

·行人都拦在朱舨子以外，舨内有砖石砌御沟水两道，尽植莲荷，近岸植桃李梨杏杂花，“春夏之月望之如绣”。

思考练习

1. 这篇论文主要介绍了哪些文物建筑？
2. 作者为什么要介绍一些不受人们注意、不著名的文物建筑？

达·芬奇——具有伟大远见的建筑工程师

达·芬奇是杰出的艺术家，也是伟大的科学家。他除了在艺术和自然科学方面做出过巨大的贡献外，在土木工程和建筑方面的主张也有着很大影响力。但是他的很多设计，几乎都没有被采纳，就算是一些接受他意见的工程作品也没有流传下来。为什么会有这样的结果呢？

《最后的晚餐》和《蒙娜丽莎》像，这两幅文艺复兴全盛时期的名画，是每一个艺术学生所认识的杰作，因此每一个艺术学生都熟识它们的作者——伟大的辽奥纳多·达·芬奇的名字。他不但是杰出的艺术家，而且是杰出的科学家。

达·芬奇青年时期的环境是意大利手工业生产最旺盛的文化发达的佛罗伦萨，他居留过十余年的米兰是以制造钢铁器和丝织著名的工业大城。从早年起，对于任何工作，达·芬奇就是不断地在自然现象中寻找规律，要在实践中认识真理，提高人的力量来克服自然，使它为生活服务。他反对当时教会的迷信愚昧，也反对当时学究们的抽象空洞的推论。他认为“不从实验中产生的科学都是空的、错误的；实验是一切真实性的源泉”，并说：“只会实行而没有科学的人，正如水手航海而没有舵和指南针一样。实践必须永远以健全的理论为基础。”他一生的工作都是依据了这样的见解而进行的。

名师点评

这句话采用了类比的修辞手法，强调了理论对于实践的重要性。

关于达·芬奇在艺术和自然科学方面的贡献，已有很多专文，本文只着重介绍他在土木工程和建筑范围内所进行的活动和所主张的方向。

在建筑方面，达·芬奇同他的前后时代大名鼎鼎的建筑师们是不相同的。虽然他的名字常同文艺复兴大建筑师们相提并列，但他并没有一个作品如教堂或大厦之类留存到今天（除却一处在法国布洛阿宫尚无法证实而非常独特的螺旋楼梯之外）。不但如此，研究他的史料的人都还知道他的许多设计，几乎每个都不曾被采用；而部分接受他的意见的工程，今天或已不存在或无确证可以证明哪一部分曾用过他的设计或建议的。但是他在工程和建筑方面的实际影响又是不可否认的。在他同时代和较晚的纪录上，他的建筑师地位总是受到公认的。这问题在哪里呢？在于他的建筑上和工程上的见解，和他的其他许多贡献一样，是远远地走在时代的前面的先驱者的远见。他的许多计划之所以不能实现，正是因为它们远远超过了那时代的社会制度和意识，超过了当时意大利封建统治者的短视和自私自利的要求，为他们所不信任，所忽视或阻挠。当时的许多建筑设计，由指派建筑师到选择和决定，大都是操在封建贵族手中的。而在同行之间，由于达·芬奇参加监修许多的工程和竞选过设计，且做过无数草图和建议，他的杰出的理论和方法，独创的发明，

词语在线

先驱：走在前面引导（多虚用）。

就都传播了很大的影响。

达·芬奇是在画师门下学习绘画的，但当时的画师常擅长雕刻，并且或能刻石，或能铸铜，又常须同建筑师密切合作，自己多半也都是能作建筑设计的建筑师。他们都是一切能自己动手的匠师。在这样的时代里成长的达·芬奇，他的才艺的多面性本不足惊奇，可异的是在每一部分的工作中，他的深入的理解和全面性的发展都是他的后代在数十年的乃至数世纪中，汇集了无数人的智慧才逐渐达到的。而他却早就有远见地、勇敢地摸索前进，不断地研究、尝试和计划过。

名师点评

作者在这里对达·芬奇超前的思想和在多方面取得的成就给予了高度评价。

达·芬奇对建筑工程的理解是超过一般人局限于单座建筑物的形式部署和建造的。虽然在达·芬奇的时代，最主要建筑活动是设计穹窿顶的大教堂和公侯的府邸等，以艺术的布局和形式为重点，且以雕石、刻像的富丽装璜为主要工作；但达·芬奇所草拟过的建筑工程领域却远超过这个狭隘的范围。他除了参加竞赛设计过教堂建筑，如米兰和帕维亚大教堂、佛罗伦萨的圣罗伦索的立面等；监修过米兰的堡垒和公爵府内部；设计并负责修造过小纪念室和避暑庄园中小亭子之外，他所自动提出的建筑设计的范围极广，种类很多，且主要都是以改善生活为目标的。例如他尽心地设计改善卫生的公厕和马厩；设计并详尽地绘制了后来在荷兰才普遍的水力风车的碾房的图样；他建议设计大量标准工人住宅；他做了一个志在消除拥挤和不卫生环境的庞大的米兰城改建的计划；他曾设计并监修过好几处的水利工程、灌溉水道，最重要的，如佛罗伦萨和比萨之间的运河。他为阿尔诺河绘制过美丽而详细的地图，建议控制河的上下游，以便利许多可以利用水力作为发动力的工业；他充满信心地认为这是可以同时繁荣沿河几个城市的计划。这个策划正是今天最进步的计划经济中的“区域计划”的先声。

都市计划和区域计划都是达·芬奇去世四百多年以后，二十世纪的人们才提出解决的建筑问题。他的计划就是在现在也只有在先进的社会主义国家里才有力量认真实行和发展的。在十五十六世纪的年代里，他的一切建筑工程计划或不被采用，或因得不到足够和普遍的支持，半途而废，是可以理解的。但达·芬奇一生并不因计划受挫，或没有实行，而失掉追求真理和不断作理智策划的勇气。直到他的晚年，在逝世以前，他在法国还做了鲁尔河和宋河间运河的计划，且目的在灌溉、航运、水力三方面的利益。对于改造自然，和平建设，他是具有无比信心的。

词语在线

半途而废：做事情没有完成而终止。

喧哗：①声音大而杂乱。②喧嚷。

达·芬奇的都市计划的内容中，项目和方向都是正确的，它是由实际出发，解决最基本的问题的。虽受当时的社会制度和条件的限制，但主要是要消除城市的拥挤所造成的疾病、不卫生、不安宁和不愉快的环境。公元一四八四～一四八六年间米兰鼠疫猖狂的教训，使他草拟了他的改建米兰的计划。达·芬奇大胆地将米兰分划为若干区，为减少人口的密度，喧哗嘈杂，疾病的传播，恶劣的气味，和其它不卫生情形，他建议建造十个城区，每城区房屋五千，人口三万。他建议把城市建置在河岸或海边，以便设置排泄污水垃圾的暗沟系统，利用流水冲洗一切脏垢到河内。他建议设置街巷上的排水明沟和暗沟衔接，以免积存雨水和污物；建造规格化的工人住宅，建造公厕，改革市民的不卫生的习惯，注意烟囱的构造，将烟和臭气驱逐出城；且为保证市内空气和阳光，街道的宽度和房屋的高度要有一定的比例。在十五世纪、十六世纪间，都市建设的重点在防御工程，城市的本身往往被视为次要的附属品，达·芬奇生在意大利各城市时常受到统治者之间争夺战威胁的时代，他的职务很多次都是监修堡垒，加固防御工程，但他所关心的却是城市本身和平居民的生活。但当时愚昧自私的卢多维柯是充耳不闻，无心接受这种建议的。

对于建筑工业的发展方向，达·芬奇也有预见。近代的“预制房屋”，他就曾做过类似的建议。当他在法国乡镇的时候，木材是那里主要的建筑材料，因为是夏天行宫所在，有大量房屋的需要，他曾建议建造可移动的房屋，各部分先在城市作坊中预制，可以运至任何地点随时很快地制置起来。

达·芬奇的“区域计划”的例子，是修建佛罗伦萨和比萨之间的运河。他估计到这个水利工程可以繁荣那一带好几个城镇，如普拉图，皮斯托亚，比萨，佛罗伦萨本身，乃至于卢卡。他相信那是可以促进许多工业生产的措施，因此他不但向地方行政负责方面建议，同时他也劝告工商行会给予支持。尤其是毛织业行会，它是佛罗伦萨最主要工业之一。达·芬奇认为还有许许多多手工业作坊都可以沿河建置，以利用水的动力，如碾坊、丝织业作坊、窑业作坊、镕铁、磨刀、做纸等作坊。他还特别提到纺丝可以给上百的女工以职业。用他自己的话说：“如果我们能控制阿尔诺河的上下游，每个人，如果他要的话，在每一公顷的土地上都可以得到珍宝。”他曾因运河中段地区有一处地势高起，设计过在不同高度的水平上航行的工程计划。十六世纪的传记家伐莎利说，达·芬奇每天都在制图或作模型，说明如何容易地可以移山开河！这正说明这位天才工程师是如

词语在线

充耳不闻：塞住耳朵不听，形容不愿听取别人的意见。

行宫：京城以外供帝王出行时居住的宫殿，也指帝王出京后临时寓居的官署或住宅。

何地确信人的力量能克服自然，为更美好的生活服务。这就是我们争取和平的人们要向他学习的精神。

此外，达·芬奇对个别建筑工程见解的正确性也应该充分提到。他在建筑的体形组织的艺术性风格之外，还有意识地着重建筑工程上两个要素。一是工具效率对于完善工程的重要；一是建筑的坚固和康健必须依赖自然科学知识的充实。这是多么正确和进步的见解。关于工具的重视，例如他在米兰的初期，正在作斯佛尔查铜像时，每日可以在楼上望见正在建造而永远无法完工的米兰大教堂，他注意到工人搬移石像、起运石柱的费力，也注意到他们木工用具效率之低，于是时常在他手稿上设计许多工具的图样，如掘地基和起石头的器具，铲子、锥子、搬土的手推车等等。十多年后，当他监修运河工程时，他观察到工人每挖一铲土所需要的动作次数，计算每工两天所能挖的土方。他自己设计了一种用牛力的挖土升降机，计算它每日上下次数和人工作了比较。这种以精确数字计算效率是到了近代才应用的方法，当时达·芬奇却已了解它在工程中的重要了。

关于工程和建筑的关系，他对于建筑工程的看法可以从他给米兰大教堂负责人的信中一段来代表他的见解。信中说："就如同医生和护士需要知道人和生命和健康的性质，知道各种因素之平衡与和谐保持了人和生命和健康，或是各种因素之不和谐危害并毁灭它们一样……同样的，这个有病的教堂也需要这一切，它需要一个'医生建筑师'，他懂得一个建筑物的性质，懂得正确建造方法所须遵守的法则，以及这些法则的来源与类别，和使一座建筑物存在并能永久的原因。"他是这样地重视"医生建筑师"，而所谓"医生建筑师"的任务则是他那不倦地追

名师点评

作者在这里没有直接阐述达·芬奇对于建筑工程的看法，而是引用了达·芬奇的话，使得文章更具有说服力。

求自然规律的精神。

在建筑的艺术作风方面，达·芬奇是在“哥特”建筑末期，古典建筑重新被发现被采用的时代，他的设计是很自然地把哥特结构的基础和古典风格相结合。他的作风因此非常近似于拜占庭式的特征——那个古典建筑和穹窿顶结合所产生的格式，以小型的穹窿顶衬托中心特大的穹窿圆顶。在豪放和装饰性方面，达·芬奇所倾向的风格都不是古罗马所曾有，也不同于后来文艺复兴的典型作风。例如他在米兰教堂和帕维亚教堂的设计中所拟的许多稿图，把各种可能的结合和变化都尝试了。他强调正十字形的平面，所谓“希腊十字形”，而避免前部较长的“拉丁十字形”的平面。他明白正十字形平面更适合于穹窿顶的应用，无论从任何一面都可以瞻望教堂全部的完整性，不致被较长的一部所破坏。今天罗马圣彼得教堂就是因前部的过分扩充而受到损失的。达·芬奇在教堂设计的风格上，显示出他对体形组织也是极端敏感并追求完美的。至于他的幻想力的充沛，对结构原理的谙熟，就表现在戏剧布景、庆贺的会场布置和庭园部署等方面。他所做过的卓越的设计，许多曾是他所独创，而且是引导出后代设计的新发展。如果在法国布洛阿宫中的螺旋楼梯确是他所设计，我们更可以看出他对于螺旋结构的兴趣和他的特殊的作风；但因证据不足，我们不能这样断定。他在当时就设计过一个铁桥，而铁桥是到了十八世纪末叶在英国才能够初次出现。凡此种种都说明他是一个建筑和工程的天才；建筑工程界的先进的巨人。

名师点评

作者在这里举了罗马圣彼得教堂的例子，证明了达·芬奇在穹窿顶方面的设计的正确性。

和他的许多方面一样，达·芬奇在建筑工程的领域中，有着极广的知识和独到的才能。不断观察自然、克服自然、永有创造的信心，是他一贯的精神。他的理想和工作是人类文化的宝藏。这也就足以说明为什么在今天争取和平的世界里，我们要热烈地纪念他。

（初刊于 1952 年 5 月 3 日《人民日报》，署名梁思成、林徽因）

品读赏析

在这篇论文中，作者主要讲述了达·芬奇在建筑学方面卓越的才华和超前的思想。虽然达·芬奇的设计不被当时的人们所接受，但他依然勇敢地摸索前进。达·芬奇这种百折不挠的精神值得赞扬和学习。达·芬奇认为以民为本的城市规划才是最合理的，而这也正是作者的观点。所以，作者才会如此推崇达·芬奇。

写作积累

大名鼎鼎　自私自利　半途而废　充耳不闻

·只会实行而没有科学的人，正如水手航海而没有舵和指南针一样。

·他的许多计划之所以不能实现，正是因为它们远远超过了那时代的社会制度和意识，超过了当时意大利封建统治者的短视和自私自利的要求，为他们所不信任，所忽视或阻挠。

·在这样的时代里成长的达·芬奇，他的才艺的多面性本不足惊奇，可异的是在每一部分的工作中，他的深入的理解和全面性的发展都是他的后代在数十年的乃至数世纪中，汇集了无数人的智慧才逐渐达到的。

·但达·芬奇一生并不因计划受挫，或没有实行，而失掉追求真理和不断作理智策划的勇气。

·就如同医生和护士需要知道人和生命和健康的性质，知道各种因素之平衡与和谐保持了人和生命和健康，或是各种因素之不和谐危害并毁灭它们一样……同样的，这个有病的教堂也需要这一切，它需要一个“医生建筑师”，他懂得一个建筑物的性质，懂得正确建造方法所须遵守的法则，以及这些法则的来源与类别，和使一座建筑物存在并能永久的原因。

思考练习

1.人们为什么不接受，甚至阻挠达·芬奇的设计？

2.达·芬奇有着怎样的精神？

我们的首都

首都北京是一座有着众多文物建筑的名城。从文物建筑来介绍北京，可以让人更深刻地感到它的伟大和可爱。那么，在这篇文章中，作者都选取了哪些文物建筑来介绍北京呢？

中山堂

我们的首都是这样多方面的伟大和可爱，每次我们都可以从不同的事物来介绍和说明它，来了解和认识它。我们的首都是一个最富于文物建筑的名城；从文物建筑来介绍它，可以更深刻地感到它的伟大与罕贵。下面这个镜头就是我要在这里首先介绍的一个对象。

它是中山公园内的中山堂。你可能已在这里开过会，或因游览中山公园而认识了它；你也可能是没有来过首都而希望来的人，愿意对北京有个初步的了解。让我来介绍一下吧，这是一个愉快的任务。

名师点评

用“愉快”形容介绍中山堂这个任务，可见作者对文物建筑的由衷喜爱。

这个殿堂的确不是一个寻常的建筑物；就是在这个满是文物建筑的北京城里，它也是极其罕贵的一个。因为它是这个古老的城中最老的一座木构大殿，它的年龄已有五百三十岁了。它是十五世纪二十年代的建筑，是明朝永乐由南京重回北京建都时所造的许多建筑物之一，也是明初工艺最旺盛的时代里，我们可尊敬的无名工匠们所创造的、保存到今天的一个实物。

这个殿堂过去不是帝王的宫殿，也不是佛寺的经堂；它是执行中国最原始宗教中祭祀仪节而设的坛庙中的“享殿”。中山公园过去是“社稷坛”，就是祭土地和五谷之神的地方。

凡是坛庙都用柏树林围绕，所以环境优美，成为现代公园的极好基础。社稷坛全部包括中央一广场，场内一方坛，场四面有短墙和棂星门；短墙之外，三面为神道，北面为享殿和寝殿；它们的外围又有红围墙和美丽的券洞门。正南有井亭，外围古柏参天。

中山堂的外表是个典型的大殿。白石镶嵌的台基和三道石阶，朱漆合抱的并列立柱，精致的门窗，青绿彩画的阑额，由于综错木材所组成的“斗栱”和檐椽等所造成的建筑装饰，加上黄琉璃瓦巍然耸起，微曲的坡顶，都可说是典型的、但也正是完整而美好的结构。它比例的稳重，尺度的恰当，也恰如它的作用和它的环境所需要的。它的内部不用天花顶棚，而将梁架斗栱结构全部外露，即所谓“露明造”的格式。我们仰头望去,就可以看见每一块结构的构材处理得有如装饰画那样美丽，同时又组成了巧妙的图案。当然，传统的青绿彩绘也更使它灿烂而华贵。但是明初遗物的特征是木材的优良（每柱必是整料，且以楠木为主），和匠工砍削榫卯的准确，这些都不是在外表上显著之点，而是属于它内在的品质的。

中国劳动人民所创造的这样一座优美的、雄伟的建筑物，

词语在线

参天：（树木等）高耸在天空中。

名师点评

古代中国建筑、家具及其他器械的两个构件上采用的凹凸部位相结合的连接方式。凸出部分叫榫，凹进部分叫卯。

过去只供封建帝王愚民之用，现在回到了人民的手里，它的效能，充分地被人民使用了。一九四九年八月，北京市第一届人民代表会议，就是在这里召开的。两年多来，这里开过各种会议百余次。这大殿是多么恰当地用作各种工作会议和报告的大礼堂！而更巧的是同社稷坛遥遥相对的太庙，也已用作首都劳动人民的文化宫了。

北京市劳动人民文化宫

北京市劳动人民文化宫是首都人民所熟悉的地方。它在天安门的左侧，同天安门右侧的中山公园正相对称。它所占的面积很大，南面和天安门在一条线上，北面背临着紫禁城前的护城河，西面由故宫前的东千步廊起，东面到故宫的东墙根止，东西宽度恰是紫禁城的一半。这里是四百零八年以前（明嘉靖二十三年，一五四四年）劳动人民所辛苦建造起来的一所规模宏大的庙宇。它主要是由三座大殿、三进庭院所组成；此外，环绕着它的四周的，是一片蓊郁古劲的柏树林。

词语在线

蓊郁：形容草木茂盛。

这里过去称做“太庙”，只是沉寂地供着一些死人牌位和一年举行几次皇族的祭祖大典的地方。解放以后，一九五〇年国际劳动节，这里的大门上挂上了毛主席亲笔题的匾额——“北京市劳动人民文化宫”，它便活跃起来了。在这里面所进行的各种文化娱乐活动经常受到首都劳动人民的热烈欢迎，以至于这里林荫下的庭院和大殿里经常挤满了人，假日和举行各种展览会的时候，等待入门的行列有时一直排到天安门前。

名师点评

从这段描述可以看出，改成文化宫后，太庙得到了充分利用。

在这里，各种文化娱乐活动是在一个特别美丽的环境中进行的。这个环境的特点有二：

一、它是故宫中工料特殊精美而在四百多年中又丝毫未被伤毁的一个完整的建筑组群。

二、它的平面布局是在祖国的建筑体系中，在处理空间的方法上最卓越的例子之一。不但是它的内部布局爽朗而紧凑，在虚实起伏之间，构成一个整体，并且它还是故宫体系总布局的一个组成部分，同天安门、端门和午门有一定的关系。如果我们从高处下瞰，就可以看出文化宫是以一个广庭为核心，四面建筑物环抱，北面是建筑的重点。它不单是一座单独的殿堂，而是前后三殿：中殿与后殿都各有它的两厢配殿和前院；前殿特别雄大，有两重屋檐，三层石基，左右两厢是很长的廊庑，像两臂伸出抱拢着前面广庭。南面的建筑很简单，就是入口的大门。在这全组建筑物之外，环绕着两重有琉璃瓦饰的红墙，两圈红墙之间，是一周苍翠的老柏树林。南面的树林是特别大的一片，造成浓荫，和北头建筑物的重点恰相呼应。它们所留出的主要空间就是那个可容万人以上的广庭，配合着两面的廊子。这样的一种空间处理，是非常适合于户外的集体活动的。这也是我们祖国建筑的优良传统之一。这种布局与中山公园中社稷坛部分完全不同，但在比重上又恰是对称的。如果说社稷坛是一个四条神道由中心向外展开的坛（仅在北面有两座不高的殿堂），文化宫则是一个由四面殿堂廊屋围拢来的庙。这两组建筑物以端门前庭为锁钥，和午门、天安门是有机地联系着的。在文化宫里，如果我们由下往上看，不但可以看到北面重檐的正殿巍然而起，并且可以看到午门上的五凤楼一角正成了它的西北面背景，早晚云霞，金瓦翚飞，气魄的雄伟，给人极深刻的印象。

名师点评

作者将左右两厢的长廊庑比作两条手臂，形象地描绘出了廊庑的样子，加深了读者的理解。

词语在线

锁钥：①锁和钥匙。②比喻做好一件事的关键。③比喻军事要地。

故宫三大殿

北京城里的故宫中间，巍然崛起的三座大宫殿是整个故宫的重点，“紫禁城”内建筑的核心。以整个故宫来说，那样庄严宏伟的气魄；那样富于组织性，又富于图画美的体形风格；那样处理空间的艺术；那样的工程技术，外表轮廓，和平面布局之间的统一的整体，无可否认的，它是全世界建筑艺术的绝品，它是一组伟大的建筑杰作，它也是人类劳动创造史中放出异彩的奇迹之一。我们有充足的理由，为我们这“世界第一”而骄傲。

名师点评 该句采用排比的修辞手法描写故宫，层次分明，形象生动，表现了故宫的宏伟和壮丽，流露出作者的赞美之情。

三大殿的前面有两段作为序幕的布局，是值得注意的。第一段，由天安门，经端门到午门，两旁长列的“千步廊”是个严肃的开端。第二段在午门与太和门之间的小广场，更是一个美丽的前奏。这里一道弧形的金水河，和河上五道白石桥，在黄瓦红墙的气氛中，北望太和门的雄劲，这个环境适当地给三殿做了心理准备。

太和、中和、保和三座殿是前后排列着同立在一个庞大而崇高的工字形白石殿基上面的。这种台基过去称“殿陛”，共高二丈，分三层，每层有刻石栏杆围绕，台上列铜鼎等。台前石阶三列，左右各一列，路上都有雕镂隐起的龙凤花纹。这样大尺度的一组建筑物，是用更宏大尺度的庭院围绕起来的。广庭气魄之大是无法形容的。庭院四周有廊屋，太和与保和两殿的左右还有对称的楼阁，和翼门，四角有小角楼。这样的布局是我国特有的传统，常见于美丽的唐宋壁画中。

三殿中，太和殿最大，也是全国最大的一个木构大殿。横阔十一间，进深五间，外有廊柱一列，全个殿内外立着八十四根大柱。殿顶是重檐的“庑殿式”瓦顶，全部用黄色的琉璃瓦，光泽灿烂，同蓝色天空相辉映。底下彩画的横额和斗栱，朱漆柱，金琐窗，同白石阶基也作了强烈的对比。这个殿建于康熙三十六年（一六九七），已有二百五十五岁，而结构整严完好如初。内部渗金盘龙柱和上部梁枋藻井上的彩画虽稍剥落，但仍然华美动人。

中和殿在工字基台的中心，平面为正方形，宋元工字殿当中的“柱廊”竟蜕变而成了今天的亭子形的方殿。屋顶是单檐“攒尖顶”，上端用渗金圆顶为结束。此殿是清初顺治三年的原物，比太和殿又早五十余年。

保和殿立在工字形殿基的北端，东西阔九间，每间尺度又都小于太和殿，上面是“歇山式”殿顶，它是明万历的“建极殿”原物，未经破坏或重建的。至今上面童柱上还留有“建极殿”标识。它是三殿中年寿最老的，已有三百三十七年的历史。

三大殿中的两殿，一前一后，中间夹着略为低小的单位所造成的格局，是它美妙的特点。要用文字形容三殿是不可能的，而同时因环境之大，摄影镜头很难把握这三殿全部的雄姿。深刻的印象，必须亲自进到那动人的环境中，才能体会得到。

词语在线

进深：院子、房间等的深度。

蜕变：①（人或事物）发生质变。②衰变。

雄姿：威武雄壮的姿态。

北海公园

在二百多万人口的城市中，尤其是在布局谨严，街道引直，建筑物主要都左右对称的北京城中，会有像北海这样一处水阔天空，风景如画的环境，据在城市的心脏地带，实在令人料想不到，使人惊喜。初次走过横亘在北海和中海之间的金鳌玉蛛桥的时候，望见隔水的景物，真像一幅画面，给人的印象尤为深刻。耸立在水心的琼华岛，山巅白塔，林间楼台，受晨光或夕阳的渲染，景象非凡特殊，湖岸石桥上的游人或水面小船，处处也都像在画中。池沼园林是近代城市的肺腑，借以调节气候，美化环境，休息精神；北海风景区对全市人民的健康所起的作用是无法衡量的。北海在艺术和历史方面的价值都是很突出的，但更可贵的还是在它今天回到了人民手里，成为人民的公园。

名师点评

作者采用比喻的修辞手法，形象地说明了池沼园林在近代城市中所起的作用。

我们重视北海的历史，因为它也就是北京城历史重要的一段。它是今天的北京城的发源地。远在辽代（十一世纪初），琼华岛的地址就是一个著名的台，传说是“萧太后台”；到了金朝（十二世纪中），统治者在这里奢侈地为自己建造郊外离宫：凿大池，改台为岛，移北宋名石筑山，山巅建美丽的大殿。元忽必烈攻破中都，曾住在这里。元建都时，废中都旧城，选择了这离宫地址作为他的新城，大都皇宫的核心，称北海和中海为太液池。元的三个宫分立在两岸，水中前有“瀛洲圆殿”，就是今天的团城，北面有桥通“万岁山”，就是今天的琼华岛。岛立太液池中，气势雄壮，山巅广寒殿居高临下，可以远望西山，俯瞰全城，是忽必烈的主要宫殿，也是全城最突出的重点。明毁元三宫，建造今天的故宫以后，北海和中海的地位便不同了，也不那样重要了。统治者把两海改为游宴的庭园，称做“内苑”。广寒殿废而不用，明万历时坍塌。清初开辟南海，增修许多庭园建筑；北海北岸和东岸都有个别幽静的单位。北海面貌最显著的改变是在一六五一年，琼华岛广寒殿旧址上，建造

词语在线

居高临下：处在高处，俯视下面。形容处于有利的地位或傲视他人。

了今天所见的西藏式白塔。岛正南半山殿堂也改为佛寺，由石阶直升上去，遥对团城。这个景象到今天已保持整整三百年了。

北海布局的艺术手法是继承宫苑创造幻想仙境的传统，所以它以琼华岛仙山楼阁的姿态为主：上面是台殿亭馆；中间有岩洞石室；北面游廊环抱，廊外有白石栏檐，长达三百公尺；中间漪澜堂，上起轩楼为远帆楼，和北岸的五龙亭隔水遥望，互见缥缈，是本着想象的仙山景物而安排的。湖心本植莲花，其间有画舫来去。北岸佛寺之外，还作小西天，又受有佛教画的影响。其他如桥亭堤岸，多少是模拟山水画意。北海的布局是有着丰富的艺术传统的。它的曲折有趣、多变化的景物，也就是它最得游人喜爱的因素。同时更因为它的水面宏阔，林岸较深，尺度大，气魄大，最适合于现代青年假期中的一切活动：划船、滑冰、登高远眺，北海都有最好的条件。

名师点评

北海布局是按照幻想的仙境景物安排的，这体现了封建统治者对神仙生活的向往，反映了他们渴望长生不死的梦。

天 坛

天坛在北京外城正中线的东边，占地差不多四千亩，围绕着有两重红色围墙。墙内茂密参天的老柏树，远望是一片苍郁的绿荫。由这树林中高高耸出深蓝色伞形的琉璃瓦顶，它是三重檐子的圆形大殿的上部，尖端上闪耀着涂金宝顶。这是祖国一个特殊的建筑物，世界闻名的天坛祈年殿。由南方到北京来的火车,进入北京城后,车上的人都可以从车窗中见到这个景物。它是许多人对北京文物建筑最先的一个印象。

天坛是过去封建主每年祭天和祈祷丰年的地方，封建的愚民政策和迷信的产物；但它也是过去辛勤的劳动人民用血汗和智慧所创造出来的一种特殊美丽的建筑类型，今天有着无比的

词语在线

丰年：农作物丰收的年头儿（跟“歉年”相对）。

艺术和历史价值。

天坛的全部建筑分成简单的两组，安置在平舒开朗的环境中，外周用深深的树林围护着。南面一组主要是祭天的大坛，称做“圜丘”，和一座不大的圆殿，称“皇穹宇”。北面一组就是祈年殿和它的后殿——皇乾殿、东西配殿和前面的祈年门。这两组相距约六百公尺，有一条白石大道相联。两组之外，重要的附属建筑只有向东的“斋宫”一处。外面两周的围墙，在平面上南边一半是方的，北边一半是半圆形的。这是根据古代“天圆地方”的说法而建筑的。

圜丘是祭天的大坛，平面正圆，全部白石砌成；分三层，高约一丈六尺；最上一层直径九丈，中层十五丈，底层二十一丈。每层有石栏杆绕着，三层栏板共合成三百六十块，象征“周天三百六十度”。各层四面都有九步台阶。这座坛全部尺寸和数目都用一、三、五、七、九的“天数”或它们的倍数，是最典型的封建迷信结合的要求。但在这种苛刻条件下，智慧的劳动人民却在造形方面创造出一个艺术杰作。这座洁白如雪、重叠三层的圆坛，周围环绕着玲珑像花边般的石刻栏杆，形体是这样地美丽，它永远是个可珍贵的建筑物，点缀在祖国的地面上。

圜丘北面棂星门外是皇穹宇。这座单檐的小圆殿的作用是存放神位木牌（祭天时“请”到圜丘上面受祭，祭完送回）。最特殊的是它外面周绕的围墙，平面作成圆形，只在南面开门。墙面是精美的磨砖对缝，所以靠墙内任何一点，向墙上低声细语，他人把耳朵靠近其他任何一点，都可以清晰听到。人们都喜欢在这里做这种“声学游戏”。

名师点评

能做到这一点，足见古代劳动人民非凡的智慧。

祈年殿是祈谷的地方，是个圆形大殿，三重蓝色琉璃瓦檐，最上一层上安金顶。殿的建筑用内外两周的柱，每周十二根，里面更立四根“龙井柱”。圆周十二间都安格扇门，没有墙壁，庄严中呈显玲珑。这殿立在三层圆坛上，坛的样式略似圜丘而稍大。

天坛部署的规模是明嘉靖年间制定的。现存建筑中，圜丘和皇穹宇是清乾隆八年（一七四三）所建。祈年殿在清光绪十五年雷火焚毁后，又在第二年（一八九〇）重建。祈年门和皇乾殿是明嘉靖二十四年（一五四五）原物。现在祈年门梁下的明代彩画是罕有的历史遗物。

颐和园

在中国历史中，城市近郊风景特别好的地方，封建主和贵族豪门等总要独霸或强占，然后再加以人工的经营来做他们的“禁苑”或私园。这些著名的御苑、离宫、名园，都是和劳动人民的血汗和智慧分不开的。他们凿了池或筑了山，建造了亭台楼阁，栽植了树木花草，布置了回廊曲径，桥梁水榭，在许许多多巧妙的经营与加工中，才把那些离宫或名园提到了高度艺术的境地。现在，这些可宝贵的祖国文化遗产，都已回到人民手里了。

词语在线

水榭：临水或在水上的供人游玩和休息的房屋。

北京西郊的颐和园，在著名的圆明园被帝国主义侵略军队毁了以后，是中国四千年封建历史里保存到今天的最后的一个大“御苑”。颐和园周围十三华里，园内有山有湖。倚山临湖的建筑单位大小数百，最有名的长廊，东西就长达一千几百尺，共计二百七十三间。

颐和园的湖、山基础，是经过金、元、明三朝所建设的。清朝规模最大的修建开始于乾隆十五年（一七五〇年），当时本名清漪园，山名万寿，湖名昆明。一八六〇年，清漪园和圆明园同遭英法联军毒辣的破坏。前山和西部大半被毁，只有山巅琉璃砖造的建筑和“铜亭”得免。

前山湖岸全部是光绪十四年（一八八八年）所重建。那时西太后那拉氏专政，为自己做寿，竟挪用了海军造船费来修建，改名颐和园。

颐和园规模宏大，布置错杂，我们可以分成后山、前山、东宫门、南湖和西堤等四大部分来了解它的。

第一部后山，是清漪园所遗留下的艺术面貌，精华在万寿山的北坡和坡下的苏州河。东自“赤城霞起”关口起，山势起伏，石路回转，一路在半山经“景福阁”到“智慧海”，再向西到“画中游”。一路沿山下河岸，处处苍松深郁或桃树错落，是初春清明前后游园最好的地方。山下小河（或称后湖）曲折，忽狭忽阔；沿岸摹仿江南风景，故称“苏州街”，河也名“苏州河”。正中北宫门入园后，有大石桥跨苏州河上，向南上坡是“后大庙”旧址，今称“须弥灵境”。这些地方，今天虽已剥落荒凉，但环境幽静，仍是颐和园最可爱的一部。东边“谐趣园”是仿无锡惠山园的风格，当中荷花池，四周有水殿曲廊，极为别致。西面通到前湖的小苏州河，岸上东有“买卖街”（现已不存），俨如江南小镇。更西的长堤垂柳和六桥是仿杭州西湖六桥建设的。这些都是摹仿江南山水的一个系统的造园手法。

第二部前山湖岸上的布局，主要是排云殿、长廊和石舫。排云殿在南北中轴线上。这一组由临湖一座牌坊起，上到排云殿，再上到佛香阁；倚山建筑，巍然耸起，是前山的重点。佛香阁是八角钻尖顶的多层建筑物，立在高台上，是全山最高

词语在线

牌坊：形状像牌楼的构筑物，旧时多用来表彰忠孝节义的人物，如功德牌坊、贞节牌坊。

的突出点。这一组建筑的左右还有“转轮藏”和“五芳阁”等宗教建筑物。附属于前山部分的还有米山上几处别馆如“景福阁”，“画中游”等。沿湖的长廊和中线成丁字形；西边长廊尽头处，湖岸转北到小苏州河，傍岸处就是著名的“石舫”，名清宴舫。前山着重侈大、堂皇富丽，和清漪园时代重视江南山水的曲折大不相同；前山的安排，是“仙山蓬岛”的格式，略如北海琼华岛，建筑物倚山层层上去，成一中轴线，以高耸的建筑物为结束。湖岸有石栏和游廊。对面湖心有远岛，以桥相通，也如北海团城。只是岛和岸的距离甚大，通到岛上的十七孔长桥，不在中线，而由东堤伸出，成为远景。

第三部是东宫门入口后的三大组主要建筑物：一是向东的仁寿殿，它是理事的大殿；二是仁寿殿北边的德和园；内中有正殿、两廊和大戏台；三是乐寿堂，在德和园之西。这是那拉氏居住的地方。堂前向南临水有石台石阶，可以由此上下船。这些建筑拥挤繁复，像城内府第，堵塞了入口，向后山和湖岸的合理路线被建筑物阻挡割裂，今天游园的人，多不知有后山，进仁寿殿或德和园之后，更有迷惑在院落中的感觉，直到出了荣寿堂西门，到了长廊，才豁然开朗，见到前面湖山。这一部分的建筑物为全园布局上的最大弱点。

第四部是南湖洲岛和西堤。岛有五处，最大的是月波楼一组，或称龙王庙，有长桥通东堤。其他小岛非船不能达。西堤由北而南成一弧线，分数段，上有六座桥。这些都是湖中的点缀，为北岸的远景。

天宁寺塔

北京广安门外的天宁寺塔，是北京城内和郊外的寺塔中完整立着的一个最古的建筑纪念物。这个塔是属于一种特殊的类型：平面作八角形，砖筑实心，外表主要分成高座、单层塔身和上面的多层密檐三部分。座是重叠的两组须弥座，每组中间有一道“束腰”，用“间柱”分成格子，每格中刻一浅龛，中有浮雕，上面用一周砖刻斗栱和栏杆，故极富于装饰性。座以上只有一单层的塔身，托在仰翻的大莲瓣上，塔身四正面有栱门，四斜面有窗，还有浮雕力神像等。塔身以上是十三层密密重叠着的瓦檐。第一层檐以上，各檐中间不露塔身，只见斗栱；檐的宽度每层缩小，逐渐向上递减，使塔的轮廓成缓和的弧线。塔顶的“刹”是佛教的象征物，本有“覆钵”和很多层“相轮”，但天宁寺塔上只有宝顶，不是一个刹，而十三层密檐本身却有了相轮的效果。

这种类型的塔，轮廓甚美，全部稳重而挺拔。层层密檐的支出使檐上的光和檐下的阴影构成一明一暗；重叠而上，和素面塔身起反衬作用，是最引人注意的宜于远望的处理方法。中间塔身略细，约束在檐以下、座以上，特别显得窈窕。座的轮廓也因有伸出和缩紧的部分，更美妙有趣。塔座是塔底部的重点，远望清晰伶俐；近望则见浮雕的花纹、走兽和人物，精致生动，又恰好收到最大的装饰效果。它是砖造建筑艺术中的极可宝贵的处理手法。

分析和比较祖国各时代各类型的塔，我们知道南北朝和隋的木塔的形状，但实物已不存。唐代遗物主要是砖塔，都是多层方塔，如西安的大雁塔和小雁塔。唐代虽有单层密檐塔，但平面为方形，且无须弥座和斗栱，如嵩山的永泰寺塔。中原山东等省以南，山西省以西，五代以后虽有八角塔，而非密檐，且无斗栱，如开封的“铁塔”。在江南，五代两宋虽有八角塔，却是多层塔身的，且塔身虽砖造，每层都用木造斗栱和木檩托檐，如苏州虎丘塔，罗汉院双塔等。检查天宁寺塔每一细节，我们今天可以确凿地断定它是辽代的实物，清代石碑中说它是“隋塔”是错误的。

名师点评

作者经过多方考证，确认了天宁寺塔的年代，推翻了前人的错误论断。这种敢于怀疑前人的精神值得肯定。

这种单层密檐的八角塔只见于河北省和东北。最早有年月可考的都属于辽金时代（十一至十三世纪），如房山云居寺南塔北塔，正定青塔，通州塔，辽阳白塔寺塔等。但明清还有这形制的塔，如北京八里庄塔。从它们分布的地域和时代看来，这类型的塔显然是契丹民族（满族祖先的一支）的劳动人民和当时移居辽区的汉族匠工们所合力创造的伟绩，是他们对于祖国建筑传统的一个重大贡献。天宁寺塔经过这九百多年的考验，仍是一座完整而美丽的纪念性建筑，它是今天北京最珍贵的艺术遗产之一。

北京近郊的三座“金刚宝座塔”

——西直门外五塔寺塔、德胜门外西黄寺塔和香山碧云寺塔

北京西直门外五塔寺的大塔，形式很特殊；它是建立在一个巨大的台子上面，由五座小塔所组成的。佛教术语称这种塔为“金刚宝座塔”。它是摹仿印度佛陀伽蓝的大塔建造的。

金刚宝座塔的图样，是一四一三年（明永乐时代）西番班迪达来中国时带来的。永乐帝朱棣，封班迪达做大国师，建立大正觉寺——即五塔寺——给他住。到了一四七三年（明成化九年）便在寺中仿照了中印度式样，建造了这座金刚宝座塔。清乾隆时代又仿照这个类型，建造了另外两座。一座就是现在德胜门外的西黄寺塔，另一座是香山碧云寺塔。这三座塔虽同属于一个格式，但每座各有很大变化，和中国其他的传统风格结合而成。它们具体地表现出祖国劳动人民灵活运用外来影响的能力，他们有大胆变化、不限制于摹仿的创造精神。在建筑上，这样主动地吸收外国影响和自己民族形式相结合的例子是极值得注意的。同时，介绍北京这三座塔并指出它们的显著的异同，也可以增加游览者对它们的认识和兴趣。

名师点评

作者如此说，既肯定了劳动人民的创造精神，又加深了读者对这三座塔的认识。

五塔寺在西郊公园北面约二百公尺。它的大台高五丈，上面立五座密檐的方塔，正中一座高十三层，四角每座高十一层。中塔的正南，阶梯出口的地方有一座两层檐的亭子，上层瓦顶是圆的。大台的最底层是个“须弥座”，座之上分五层，每层伸出小檐一周，下雕并列的佛龛，龛和龛之间刻菩萨立像。最上层是女儿墙，也就是大台的栏杆。这些上面都有雕刻，所谓“梵花、梵宝、梵字、梵像”。大台的正门有门洞，门内有阶梯藏在台身里，盘旋上去，通到台上。

这塔全部用汉白石建造，密密地布满雕刻。石里所含铁质经过五百年的氧化，呈现出淡淡的橙黄的颜色，非常温润而美丽。过于繁琐的雕饰本是印度建筑的弱点，中国匠人却创造了自己的适当的处理。他们智慧地结合了祖国的手法特征，努力控制了凹凸深浅的重点。每层利用小檐的伸出和佛龛的深入，做成

阴影较强烈的部分，其余全是极浅的浮雕花纹。这样，便纠正了一片杂乱繁缛的感觉。

西黄寺塔，也称做班禅喇嘛净化城塔，建于一七七九年。这座塔的形式和大正觉寺塔一样，也是五座小塔立在一个大台上面。所不同的，在于这五座塔本身的形式。它的中央一塔为西藏式的喇嘛塔（如北海的白塔），而它的四角小塔，却是细高的八角五层的“经幢”；并且在平面上，四小塔的座基突出于大台之外，南面还有一列石阶引至台上。中央塔的各面刻有佛像、草花和凤凰等，雕刻极为细致富丽，四个幢主要一层素面刻经，上面三层刻佛龛与莲瓣。全组呈窈窕玲珑的印象。

词语在线

经幢：刻有佛的名字或经咒的石柱子，柱身多为六角形或圆形。

碧云寺塔和以上两座又都不同。它的大台共有三层，底下两层是月台，各有台阶上去。最上层做法极像五塔寺塔，刻有数层佛龛，阶梯也藏在台身内。但它上面五座塔之外，南面左右还有两座小喇嘛塔，所以共有七座塔了。

这三处仿中印度式建筑的遗物，都在北京近郊风景区内。同式样的塔，国内只有昆明官渡镇有一座，比五塔寺塔更早了几年。

鼓楼、钟楼和什刹海

北京城在整体布局上，一切都以城中央一条南北中轴线为依据。这条中轴线以永定门为南端起点，经过正阳门、天安门、午门、前三殿、后三殿、神武门、景山、地安门一系列的建筑重点，最北就结束在鼓楼和钟楼那里。北京的钟楼和鼓楼不是东西相对，而是在南北线上，一前、一后的两座高耸的建筑物。北面城墙正中不开城门，所以这条长达八公里的南北中线的北端就终止在钟楼之前。这个伟大气魄的中轴直串城心的布局是我们祖先杰出的创造。鼓楼面向着广阔的地安门大街，地安门是它南面的“对景”，钟楼峙立在它的北面，这样三座建筑便合成一组庄严的单位，适当地作为这条中轴线的结束。

鼓楼是一座很大的建筑物，第一层雄厚的砖台，开着三个发券的门洞。上面横列五间重檐的木构殿楼，整体轮廓强调了横亘的体形。钟楼在鼓楼后面不远，是座直立耸起、全部砖石造的建筑物；下层高耸的台，每面只有一个发券门洞。台上钟亭也是每面一个发券的门。全部使人有浑雄坚实的矗立的印象。钟、鼓两楼在对比中，一横一直，形成了和谐美妙的组合。明朝初年智慧的建筑工人，和当时的“打图样”的师父们就这样朴实、大胆地创造了自己市心的立体标志，充满了中华民族特征的不平凡的风格。

名师点评

利用块料之间的侧压力建成跨空的承重结构的砌筑方法称“发券”。

钟、鼓楼西面俯瞰什刹海和后海。这两个“海”是和北京历史分不开的。它们和北海、中海、南海是一个系统的五个湖沼。十二世纪中建造“大都”的时候，北海和中海被划入宫苑（那时还没有南海），什刹海和后海留在市区内。当时有一条水道由什刹海经现在的北河沿、南河沿、六国饭店出城通到通州，衔接到运河。江南运到的粮食便在什刹海卸货，那里船帆桅杆十分热闹，它的重要性正相同于我们今天的前门车站。到了明朝，水源发生问题，水运只到东郊，什刹海才丧失了作为交通终点的身份。尤其难得的是它外面始终没有围墙把它同城区阻隔，正合乎近代最理想的市区公园的布局。

海的四周本有十座佛寺，因而得到“什刹”的名称。这十座寺早已荒废。满清末年，这里周围是茶楼、酒馆和杂耍场子等。

词语在线

孳（zī）生：繁殖。

但湖水逐渐淤塞，虽然夏季里香荷一片，而水质污秽、蚊虫孳生已威胁到人民的健康。解放后人民自己的政府首先疏浚全城水道系统，将什刹海掏深，砌了石岸，使它成为一片清澈的活水，又将西侧小湖改为可容四千人的游泳池。两年来那里已成劳动人民夏天中最喜爱的地点。垂柳倒影，隔岸可遥望钟楼和鼓楼，它已真正地成为首都的风景区。并且这个风景区还正在不断地建设中。

在全市来说，由地安门到钟、鼓楼和什刹海是城北最好的风景区的基础。现在鼓楼上面已是人民的第一文化馆，小海已是游泳池，又紧接北海。这一个美好环境，由钟、鼓楼上远眺更为动人。不但如此，首都的风景区是以湖沼为重点的，水道的连结将成为必要。什刹海若予以发展，将来可能以金水河把它同颐和园的昆明湖结连起来。那样，人们将可以在假日里从什刹海坐着小船经由美丽的西郊，直达颐和园了。

雍和宫

北京城内东北角的雍和宫，是二百十几年来北京最大的一座喇嘛寺院。喇嘛教是蒙藏两族所崇奉的宗教，但这所寺院因为建筑的宏丽和佛像雕刻等的壮观，一向都非常著名，所以游览首都的人们，时常来到这里参观。这一组庄严的大建筑群，是过去中国建筑工人以自己传统的建筑结构技术来适应喇嘛教的需要所创造的一种宗教性的建筑类型，就如同中国工人曾以本国的传统方法和民族特征解决过回教的清真寺或基督教的礼拜堂的需要一样。这寺院的全部是一种符合特殊实际要求的艺术创造，在首都的文物建筑中间，它是不容忽视的一组建筑遗产。

名师点评

藏传佛教，是传入中国西藏的佛教分支。属北传佛教，与汉传佛教、南传佛教并称佛教三大地理体系。

雍和宫曾经是胤祯（清雍正）做王子时的府第。在一七三四年改建为喇嘛寺。

雍和宫的大布局，紧凑而有秩序，全部由南北一条中轴线贯穿着。由最南头的石牌坊起到“琉璃花门”是一条“御道”，——也像一个小广场。两旁十几排向南并列的僧房就是喇嘛们的宿舍。由琉璃花门到雍和门是一个前院，这个前院有古槐的幽荫，南部左右两角立着钟楼和鼓楼，北部左右有两座八角的重檐亭子，更北的正中就是雍和门；雍和门规模很大，才经过修缮油饰。由此北进共有三个大庭院，五座主要大殿阁。第一院正中的主要大殿称做雍和宫，它的前面中线上有碑亭一座和一个雕刻精美的铜香炉，两边配殿围绕到它后面一殿的两旁，规模极为宏壮。

全寺最值得注意的建筑物是第二院中的法轮殿，其次便是它后面的万佛楼。它们的格式都是很特殊的。法轮殿主体是七间大殿，但它的前后又各出五间“抱厦”，使平面成十字形。殿的瓦顶上面突出五个小阁，一个在正脊中间，两个在前坡的左右，两个在后坡的左右。每个小阁的瓦脊中间又立着一座喇嘛塔。由于宗教上的要求，五塔寺金刚宝座塔的型式很巧妙地这样组织到纯粹中国式的殿堂上面，成了中国建筑中一个特殊例子。

词语在线

抱厦：房屋前面加出来的门廊，也指后面毗连着的小房子。

万佛楼在法轮殿后面，是两层重檐的大阁。阁内部中间有一尊五丈多高的弥勒佛大像，穿过三层楼井，佛像头部在最上一层的屋顶底下。据说这个像的全部是由一整块檀香木雕成的。更特殊的是万佛楼的左右另有两座两层的阁，从这两阁的上层用斜廊——所谓飞桥——和大阁相联系。这是敦煌唐朝画中所常见的格式，今天还有这样一座存留着，是很难得的。

雍和宫最北部的绥成殿是七间，左右楼也各是七间，都是两层的楼阁，在我们的最近建设中，我们极需要参考本国传统的楼屋风格，从这一组两层建筑物中，是可以得到许多启示的。

故 宫

北京的故宫现在是首都的故宫博物院。故宫建筑的本身就是这博物院中最重要的历史文物。它综合形体上的壮丽、工程上的完美和布局上的庄严秩序，成为世界上一组最优异、最辉煌的建筑纪念物。它是我们祖国多少年来劳动人民智慧和勤劳的结晶，它有无比的历史和艺术价值。全宫由“前朝”和“内廷”两大部分组成；四周有城墙围绕，墙下是一周护城河，城四角有角楼，四面各有一门：正南是午门，门楼壮丽称五凤楼；正北称神武门；东西两门称东华门、西华门，全组统称“紫禁城”。隔河遥望红墙、黄瓦、宫阙、角楼的任何一角都是宏伟秀丽，气象万千。

词语在线

气象万千：形容景色和事物多种多样，非常壮观。

前朝正中的三大殿是宫中前部的重点，阶陛三层，结构崇伟，为建筑造形的杰作。东侧是文华殿，西侧是武英殿，这两组与太和门东西并列，左右衬托，构成三殿前部的格局。

内廷是封建皇帝和他的家族居住和办公的部分。因为是所谓皇帝起居的地方，所以借重了许多严格部署的格局和外表形式上的处理来强调这独夫的“至高无上”。因此内廷的布局仍是采用左右对称的格式，并且在部署上象征天上星宿等等。例如内廷中间，乾清、坤宁两宫就是象征天地，中间过殿名交泰，就取“天地交泰”之义。乾清宫前面的东西两门名日精、月华，象征日月。后面御花园中最北一座大殿——钦安殿，内中还供

名师点评

出自《易·泰》：“天地交，泰。”后以“交泰”指天地之气祥和、万物通泰。

奉着“玄天上帝”的牌位。故宫博物院称这部分作“中路”，它也就是前王殿中轴线的延续，也是全城中轴的一段。

“中路”两旁两条长夹道的东西，各列六个宫，每三个为一路，中间有南北夹道。这十二个宫象征十二星辰。它们后部每面有五个并列的院落，称东五所、西五所，也象征众星拱辰之义。十二宫是内宫眷属“妃嫔”“皇子”等的住所和中间的“后三殿”就是紫禁城后半部的核心。现在博物院称东西六宫等为“东路”和“西路”，按日轮流开放。西六宫曾经改建，储秀和翊坤两宫之间增建一殿，成了一组。长春和太极之间，也添建一殿，成为一组，格局稍变。东六宫中的延禧，曾参酌西式改建“水晶宫”而未成。

词语在线

参酌：参考实际情况加以斟酌。

三路之外的建筑是比较不规则的。主要的有两种：一种是在中轴两侧，东西两路的南头，十二宫的面的重要前宫殿。西边是养心殿一组，它正在“外朝”和“内廷”之间偏东的位置上，是封建主实际上日常起居的地方。中轴东边与它约略对称的是斋宫和奉先殿。这两组与乾清宫的关系就相等于文华、武英两殿与太和殿的关系。另一类是核心外围规模较十二宫更大的宫。这些宫是建筑给封建主的母后居住的。每组都有前殿、后寝、周围廊子、配殿、宫门等。西边有慈宁、寿康、寿安等宫。其中夹着一组佛教庙宇雨花阁，规模极大。总称为“外西路”。东边的“外东路”只有直串南北、范围巨大的宁寿宫一组。它本是玄烨（康熙）的母亲所居，后来弘历（乾隆）将政权交给儿子，自己退老住在这里曾增建了许多繁缛巧丽的亭园建筑，所以称为“乾隆花园”。它是故宫后部核心以外最特殊也最奢侈的一个建筑组群，且是清代日趋繁琐的宫廷趣味的代表作。

故宫后部虽然“千门万户”，建筑密集，但它们仍是有秩序的布局。中轴之外，东西两侧的建筑物也是以几条南北轴线为依据的。各轴线组成的建筑群以外的街道形成了细长的南北夹道。主要的东一长街和西一长街的南头就是通到外朝的“左内门”和“右内门”，它们是内廷和前朝联系的主要交通线。

除去这些“宫”与“殿”之外，紫禁城内还有许多服务单位如上驷院、御膳房和各种库房及值班守卫之处。但威名煊赫的“南书房”和“军机处”等宰相大臣办公的地方，实际上只是乾清门旁边几间廊庑房舍。军机处还不如上驷院里一排马厩！封建帝王残酷地驱役劳动人民为他建造宫殿，养尊处优，享乐排场无所不至，而即使是对待他的军机大臣也仍如奴隶。这类事实可由故宫的建筑和布局反映出来。紫禁城全部建筑也就是最丰富的历史材料。

词语在线

养尊处优：生活在尊贵、优裕的环境中（多含贬义）。

（共 11 节，分别初刊于 1952 年《新观察》第 1 期、2 期、3 期、4 期、5 期、6 期、7 期、8 期、9 期、10 期、11 期，均署名林徽因）

品读赏析

在这篇论文中，作者就像导游一样，基本按从总体到局部、从外到内、从结构到作用的顺序，分别介绍了中山堂、北京市劳动人民文化宫、故宫三大殿、北海公园、天坛、颐和园等十五处文物建筑。如文中“我们仰头望去”一语，仿佛读者真的在跟着作者这位“导游”慢慢观赏、认识着这些古建筑。

写作积累

遥遥相对　蓊郁　居高临下　俯瞰　低声细语　气象万千　养尊处优

·中国劳动人民所创造的这样一座优美的、雄伟的建筑物，过去只供封建帝王愚民之用，现在回到了人民的手里，它的效能，充分地被人民使用了。

·前殿特别雄大，有两重屋檐，三层石基，左右两厢是很长的廊庑，像两臂伸出抱拢着前面广庭。

·以整个故宫来说，那样庄严宏伟的气魄；那样富于组织性，又富于图画美的体形风格；那样处理空间的艺术；那样的工程技术，外表轮廓，和平面布局之间的统一的整体，无可否认的，它是全世界建筑艺术的绝品，它是一组伟大的建筑杰作，它也是人类劳动创造史中放出异彩的奇迹之一。

·池沼园林是近代城市的肺腑，借以调节气候，美化环境，休息精神。

思考练习

1.作者为什么说介绍中山堂是个“愉快的任务”？

2.通过作者的解读，你对我们的首都又有了怎样新的认识？

祖国的建筑传统与当前的建设问题

建筑具有民族特性，是民族文化重要的表现之一。在中国古代，建筑具有鲜明的民族风格。近代以后，中国沦为半殖民地半封建社会，建筑风格深受帝国主义影响，不再呈现民族特有的风貌。新中国成立后，中国建筑迎来了春天，建筑民族化也提上了日程。那么，新中国的建筑应当如何保持民族化呢？

两年多以前，解放了的中国人民就开始了全国性的建设工作。从那时到今天这短短的期间内，全国人民所建造的房屋面积比以往五千年历史中任何一个三年都多。土地改革后的农村中出现了数以百万计的新农舍；城市中出现了无数的工厂、学校、托儿所、医院、办公楼、工人住宅和市民住宅。通过这样庞大规模的工作，全国的建筑工人、建筑师和工程师都不断地提高了自己的政治觉悟，以最愉快的心情和高度的热情接受了全国人民交给他们的光荣任务——全心全意地进行一切和平建设，为美好的社会主义社会打下基础。

过去一世纪以来，我国沿海岸的大城市赤裸裸地反映了半殖民地的可耻的特性。上海是伦敦东头的缩影，青岛和大连的建筑完全反映日耳曼和日本的气氛。官僚地主丧失了民族自尊心，买办们崇拜外国商人在我们的土地上所蛮横地建造的“洋楼”，大城市的建筑工人也被迫放弃了自己的传统和艺术，为所谓“洋式建筑”服务。我国原有的建筑不但被鄙视，并且大量地被毁灭，城市原有的完整性，艺术风格上的一致性，被强暴地破坏了。帝国主义的军事、经济、文化的侵略本质，在我们许多城市中的建筑上显著而具体地表现了出来。

词语在线

赤裸裸：①形容光着身子，不穿衣服。②形容毫无遮盖掩饰。

建筑本来是有民族特性的，它是民族文化中最重要的表现之一；新中国的建筑必须建筑在民族优良传统的基础上，这已是今天中国大多数建筑师们所承认的原则。凡是参加城市建筑设计的建筑师们都负有三重艰巨任务：他们必须肃清许多城市中过去半殖民地的可耻的丑恶面貌，必须恢复我们建筑上的民族特性，发扬光大祖国高度艺术性的建筑体系，同时又必须吸收外国的，尤其是苏联的先进经验，以满足新民主主义的经济建设和文化建设中众多而繁复的需求，真正地表现毛泽东时代的新中国的精神。

名师点评

作者提出这三项艰巨任务，既是对中国半殖民地时期中国建筑失去自己的传统和艺术的痛惜，又饱含着对恢复中国建筑民族特性的迫切希望。

在人类各民族的建筑大家庭中，中华民族的建筑是一个独特的体系。我们祖先采用了一个极其智慧的方法：在一个台基上用木材先树立构架以负荷上部的重量；墙壁只做分隔内外的作用而不必负重，因而门窗的大小和位置都能取得最大的自由，不受限制。这个建筑体系能够适应任何气候，适用于从亚热带到亚寒带的广大地区。这种构架法正符合现代的钢架或钢筋水泥构架的原则，如果中国建筑采用这类现代材料和技术，在大体上是毫不矛盾的。这也是保持中国风格的极有利条件。

我们古代的建筑匠师们积累了世代使用木材的特别经验，创造了在柱头之上用层叠的挑梁，以承托上面横梁，使得屋顶部分出檐深远，瓦坡的轮廓优美。用层叠挑出的木材所构成的每一个组合称做“斗栱”。“斗栱”和它们所承托的庄严的屋顶，都是中国建筑上独有的特征，和欧洲教堂石骨发券结构一样，都是人类在建筑上所达到的高度艺术性的工程。我们古代的匠师们还巧妙地利用保护木材的油漆，大胆地把不同的颜色组成美丽的彩画、图案。不但用在建筑内部，并且用在建筑外部檐下的梁枋上，取得外表上的优异的效果。在屋瓦上，我们也利用有色的琉璃瓦。这种用颜色的艺术是中国建筑体系的一个显著特征。在应用色调和装璜方面，中国匠师表现出极强的控制能力，在建筑上所取得的总效果都表现着适当的富丽而又趋向于简练。另外还有一个特点：在中国建筑中，每一个露在外面的结构部分同时也就是它的装饰部分；那就是说，每一件装饰品都是加了工的结构部分。中国建筑的装饰与结构是完全统一的。天安门就是这一切优点的卓越的典型范例。

在平面布置上，一所房屋是由若干座个别的厅堂廊庑和由它们围绕着而形成的庭院或若干庭院组合而成的。建筑物和它们所围绕而成的庭院是作为一个整体而设计的。在处理空间的艺术上也达到了最高度的成就。

中国的建筑体系至迟在公元前十五世纪已经形成，至迟到汉朝（公元前二〇六年至公元二二〇年）就已经完全成熟。木结构的形式，包括梁柱、斗栱和屋顶，已经被“翻译”到石建筑上去了。中国建筑虽然也采用砖石建造一些重要的工程和纪念性的建筑物，但仍以木结构为主，继续发展它的特长，使它日臻完善，这样成功地赋予纯粹木构建筑以宏大的气魄，是世界各建筑体系中所没有的现象。

这种庄重堂皇的建筑物最卓越显著的范例莫如北京的宫殿，那是所有到过北京的人们所熟悉的。当然，还有各地的许多庙宇衙署也都具有相同的品质。它们都以厅堂、门楼、廊庑以及它们所围绕着的庭院构成一个有机的整体，雄伟壮丽，它们能给人以不易磨灭的印象。这种同样的结构和部署用作住宅时，无论是乡间的农舍或是城市中的宅第，也都可以使其简朴而适合于日常工作和生活的需要。

古代木结构中一些各别罕贵重要的文物是应当在这里提到的。山西省五台山佛光寺的正殿是一座八五七年建造的佛教建筑，至今仍然十分完整。河北省蓟县的独乐寺中，立着中国第二古的木建筑。一座以两个正层和一个暗层构成的三层建筑也已经屹立了九百六十八年。这三层建筑是围绕着国内最大的一尊泥塑立像建造的。上两层的楼板当中都留出一个“井”，让立像高贯三楼，结构极为工巧。木结构另一个伟大的奇迹是察哈尔应县佛宫寺的木塔，有五个正层和四个暗层，共九层；由刹尖到地面共高六十六公尺。这个极其大胆的结构表现了我国古代匠师在结构方面和艺术方面无可比拟的成就。再过四年，这座雄伟的建筑就满九百年的高龄了。从这几座千年左右的杰作中，我们不惟可以看到中国木构建筑的纪念性品质和工巧的结构，而且可以得出结论，这种木结构之所以能有这样的持久性，就是因为它的结构方法科学地合乎木材的性能。年龄在七百年以上的木建筑，据建筑史家局部的初步调查，全国还有

词语在线

日臻：一天一天地达到；逐渐地。

屹立：像山峰一样高耸而稳固地立着，常用来形容坚定不可动摇。

三十余处。进一步有系统的调查，必然还要找到更多的遗物。可惜这三十余处中已经很少完整的全组，而只是个别的殿堂。成组的如察哈尔大同的善化寺（辽金时代）和山西太原的晋祠（北宋）都是极为罕贵的。北京故宫——包括太庙（文化宫）和社稷坛（中山公园）——全组的布局，虽然时代略晚，但规模之大，保存之完整，更是珍贵无比的。

在砖或石的建筑方面，古代的工程师和建筑师们也发挥了高度的创造性。在陵墓建筑，防御工程，桥梁工程和水利工程上都有伟大的创造。

著名的万里长城起伏蜿蜒在一千三百余公里的山脊上，北京的城墙和巍峨的城门楼是构成北京的整体的一个重要因素。它们不是没有生命的砖石堆，而是浑厚伟大的艺术杰作。在造桥方面，一千三百年前建造的河北省赵县的大石桥是用一个跨度约三七．五〇公尺的券做成的“空撞券桥”。像那样在主券上用小券的无比聪明的办法，直到一九一二年才初次被欧洲人采用；而在那样早的年代里，竟有一位名叫李春的匠人给我们留下这样一件伟大壮丽的工程，足以证明在那时候以前，我国智慧的劳动人民的造桥经验，已经是多么丰富了。

词语在线

跨度：①房屋、桥梁等建筑物中，梁、屋架、拱券两端的支柱、桥墩或墙等承重结构之间的距离。②泛指距离。

今日在全国的土地上最常见的砖石建筑是全国无数的佛塔，其中很多是艺术杰作。河南省嵩山嵩岳寺的砖塔是我国佛教建筑中最古的文物，建于公元五二〇年，也是国内现存最古的砖建筑。它只是简单地用砖砌成，只有极少的建筑装饰。只凭它十五层的叠涩檐和柔和的抛物线所形成的秀丽挺拔的轮廓，已足以使它成为最伟大的艺术品。在河北省涿县的双塔上，十一世纪的建筑师却极其巧妙地用砖作表现了木构建筑的形式，外表与略早的佛宫寺木塔几乎完全一样。虽然如此，它们仍充分地表现了砖石结构浑厚的品质。

砖石建筑在华北和西北广泛地被采用着，它们都用筒形券的结构。当以砖石作为殿堂时，则按建筑物纪念性之轻重，适当地用砖石表现木结构的样式。许多所谓“无梁殿”的建筑，如山西太原永祚寺明末（一五九五年）的大雄宝殿都属于这一类。

检查我们过去的许多建筑物，我们注意到两种重要事实：一、无论是木结构或砖石结构，无论在各地方有多少不同的变化，中国建筑几千年来都保持着一致的、一贯的、明确的民族特性。二、我们古代的匠师们善于在自己的传统的基础上适当地吸收外来的影响，丰富了自己，但从来没有因此而丧失了自己的民族特性。千余年来分布全国的佛教建筑和回教建筑最清晰地证明了这一点。但是自从帝国主义以武力侵略我国，文化上和平而自然的交流被蛮横的武力所代替以来，情形就不同了。沿海岸和长江上的一些“通商口岸”被侵略者用他们带来的建筑形式生硬地移殖到原来的环境中，对于我国城市的环境风格加以傲慢的鄙视和粗暴的破坏。学校里训练出来新型的知识分子的建筑师竟全部放弃中国建筑的传统，由思想到技术完完全全的摹仿欧美的建筑体系，不折不扣地接受了欧美建筑传统，把它硬搬到祖国来。过去一世纪的中国建筑史正是中国近代被侵略史的另一悲惨的版本！

从满清末年到解放以前，有些建筑师们只为少数地主、官僚、买办建造少数的公馆、洋行、公司，为没落的封建制度和半殖民地的政治经济服务。因为殖民地经济的可怜情况，建筑不但在结构和外表方面产生了许多丑恶类型，而且在材料方面，

词语在线

大雄宝殿：佛寺中主要供奉佛祖的大殿（大雄：对佛祖的尊称，意为像大勇士一样无畏）。

不折不扣：不打折扣，表示完全、十足、彻底。

在平面的部署方面都堕落到最不幸的水平。建筑师们变成为帝国主义的经济、文化侵略服务。同时蔑视自己本国艺术遗产、优秀工匠和成熟而优越的技术传统。此后任何建筑作品都成了最不健康的殖民地文化的最明显的代表，反映着那时期的畸形的政治经济情况。到了解放的前夕，每一个爱国的建筑师越来越充满了痛苦而感到彷徨。

祖国的解放为我们全国的建筑师带来了空前的大转变。我们不但忽然得到了设计成千上万的住宅、工厂、学校、医院、办公楼的机会，我们不但在一两年中所设计的房屋面积就可能超过过去半生所设计的房屋面积的总和乃至若干倍，最主要的是我们知道我们的服务对象不是别人，而是劳动人民。我们是为祖国的和平的社会主义事业而建设，也是为世界的和平建设的一部分而努力。我们集体工作的成果将是这新时代的和平民主精神的表现。我们的工作充满了重要意义，在今天，任何建筑师，无论在经济建设或文化建设中，都是最活跃的一员。我们为这光荣的任务感到兴奋和骄傲。但是我们也因此而感到还应当以更严肃的态度担负起这沉重的责任。

这许多重大的意义，建筑师们不是一下子就认识到的。由于过去的习惯，起初我们只见到因为建造的量的增加使我们得以“一显身手”的许多机会；但很快地一个严重的问题使我们思索了。这么大量的建造之出现将要改变祖国千百个城市的面貌。我们应该用什么材料、什么结构、什么形式来处理呢？这是需要认真的思虑的，是必须有正确领导的，是不能任其自流和盲目发展的。好在在这里，共同纲领的文化教育政策已给了我们一个行动指南。这就是毛主席所提出的新民主主义的文化

词语在线

自流：①自动地流。②比喻在缺乏约束、引导的情况下自由发展。

教育政策。

遵照毛主席在《新民主主义论》中对于新文化的英明正确的分析，中国的新文化是“民族的。它是反对帝国主义压迫，主张中华民族的尊严和独立的。它是我们这个民族的，带有我们的民族特性”。因此新中国的建筑当然也“应有自己的形式，这就是民族形式。民族的形式，新民主主义的内容”。

中国的新建筑必须是“科学的。……主张实事求是，主张客观真理，主张理论与实践一致的”，“……是从古代的旧文化发展而来”的。新中国的建筑师“必须尊重自己的历史，决不能割断历史。……尊重历史的辩证法的发展，而不是颂古非今……不是要引导他们（人民群众）向后看，而是要引导他们向前看”。

名师点评

这里引用了毛主席在《新民主主义论》中的话，为中国建筑指明了方向，也增强了文章的说服力。

这个新建筑“是大众的，因而即是民主的。它应为全民族中百分之九十以上的工农劳苦民众服务。……把提高和普及互相区别又互相联结起来”。

有了这样明确而英明的指示，建筑师们就应当认清方向，满怀信心，大踏步向前迈进。我们必须毫不犹疑地，无所留恋地扬弃那些资本主义的，割断历史的世界主义的各种流派建筑和各流派的反动理论；必须彻底批判“对世界文化遗产的虚无主义态度以及忽视民族艺术遗产的态度”（苏联建筑科学院院长莫尔德维诺夫语）。不可否认的，目前首先急待解决的是广大劳动人民工作和居住所大量需要的房屋的问题；目前所要达到的量是要超过于质的。但是我们相信，普及会与提高“互相联结起来”的。毛主席告诉我们：“随同经济建设高潮的到来，不可避免地将要出现一个文化建设的高潮。”新中国的建筑师们正在为伟大的和平建设努力。我们目前正在为大规模的经济建设贡献出一切力量，但同时也必须准备迎接文化建设的高潮。新的设计必须努力提高水平。研究、理解、爱好过去的本国建筑的热情必须培养起来。在中央文化部的领导下，整理艺术遗产的工作已在每日加强。在中央教育部的领导下，在培养下一代的建筑师的教学方针上，已采用了苏联的先进教学计划，在创造中注重民族传统已是一个首要的重点。

全国人民有理由向建筑师们要求，也有理由相信，在很短的期间内，在全国的一切建筑设计中，新中国的建筑必然要获得巨大的成就，建筑师们的设计标准必然会显著地提高，因为我们会再度找到自己的传统的艺术特征，用最新的技术和材料，发展出光辉的、“为中国人民所喜爱”的、不愧为毛泽东时代的中国的新建筑。那就是新民主主义的，亦即我们“民族的、大众的”建筑。

（初刊于1952年9月16日《新观察》第16期，署名梁思成、林徽因）

品读赏析

文章开头，作者先总说了新中国建设，尤其是建筑方面所面临的问题：半殖民地留下的后遗症，使部分中国建筑失去了民族性。紧接着提出新中国的建筑师在建设过程中需要遵循的原则，并肯定了中国传统建筑的优点。最后多次引用毛主席在《新民主主义论》中的话，为自己的观点找到有力论据，也为新中国建设指明了方向。

全心全意　赤裸裸　缩影　无可比拟　不折不扣

·通过这样庞大规模的工作，全国的建筑工人、建筑师和工程师都不断地提高了自己的政治觉悟，以最愉快的心情和高度的热情接受了全国人民交给他们的光荣任务——全心全意地进行一切和平建设，为美好的社会主义社会打下基础。

·“斗栱”和它们所承托的庄严的屋顶，都是中国建筑上独有的特征，和欧洲教堂石骨发券结构一样，都是人类在建筑上所达到的高度艺术性的工程。

·在应用色调和装璜方面，中国匠师表现出极强的控制能力，在建筑上所取得的总效果都表现着适当的富丽而又趋向于简练。

·著名的万里长城起伏蜿蜒在一千三百余公里的山脊上，北京的城墙和巍峨的城门楼是构成北京的整体的一个重要因素。它们不是没有生命的砖石堆，而是浑厚伟大的艺术杰作。

·学校里训练出来新型的知识分子的建筑师竟全部放弃中国建筑的传统，由思想到技术完完全全的摹仿欧美的建筑体系，不折不扣地接受了欧美建筑传统，把它硬搬到祖国来。

思考练习

1. 新中国成立后，在建设方面遇到了什么问题？
2. 建筑师在建设新中国时应该遵循怎样的原则？

中国建筑发展的历史阶段

建筑的发展，离不开社会经济结构、政治制度、思想意识与习俗风尚的发展。所以，要想真正了解建筑的发展演化，就不能撇开这些因素而单独研究建筑。对中国建筑来说也是如此。文中，作者将中国历史上建筑的发展分成七个主要阶段，并论述了各个阶段的建筑是如何在经济、政治和思想等因素的影响下发展演化的。下面，就请进入本文阅读吧！

建筑是随着整个社会的发展而发展的。它和社会的经济结构、政治制度、思想意识与习俗风尚的发展有着密不可分的联系。经济的繁荣或衰落，对外战争或文化交流，和敌人入侵等都会给当时建筑留下痕迹。因此我们不能脱离这一切，孤立地去研究建筑本身的发展演化；那样我们将无法了解建筑发展的真实内容，不能得出任何正确的结论。

中国建筑也是如此。它随着各个时代政治、经济的发展，也就是随着不同时代的生产力和生产关系，产生了不同的特点，但是同时还反映出这特点所产生的当时的社会思想意识，占统治地位的世界观。生产力的发展直接影响到建筑的工程技术，但建筑艺术却是直接受到当时思想意识的影响，只是间接地受到生产力和生产关系的影响的。

现在我们试将中国四千年历史中建筑的发展分成为若干主要阶段，将各个阶段中最有代表性的现存实物和文史资料中的重要建筑与建筑活动的叙述加以分析，说明它们的特点，并从它们和整个社会发展状况相联系的观点上来了解观察这些特点：看它们是怎样被各个不同时代的劳动人民创造出来，解决了当时实际生活所提出来的什么样的复杂问题；在满足当时使用者的物质的和精神的许多不同的要求时，曾经创造过些什么进步传统，累积了些什么样的工程技术方面的经验，和取得了什么样的造形艺术方面的成就。

这些阶段彼此并不是没有联系的。相反的，它们都是互相衔接不可分割的；虽是许多环节，却组成了一根整的链条。每一时代新的发展都离不开以前时期建筑技术和材料使用方面积累的经验，逃不掉传统艺术风格的影响。而这些经验和传统乃是新技术、新风格产生的必要基础。

名师点评

这里将中国建筑整个发展历程比作一根链条，形象地表现了各个发展阶段不可分割的联系。

各时代因生产力的发展，影响到社会生活的变化；而这些变化又都一定要向建筑提出一些新的问题、新的要求。这些社会生活的变化，一大部分是属于上层建筑的意识形态的。因此这些新问题、新要求也有一大部分是属于思想意识的，不完全属于物质基础的。为了解决这些新问题，满足这些新要求，便必须尝试某些新的表现方法，渗入到原来已习惯的方法中，创造出某些新的艺术体形、新的艺术内容，产生出新的艺术风格；并且同时还不得不扬弃某些不再合用的作风和技术。这样，在前一时期原是十分普遍的建筑特点，在内容和形式上便都有了或多或少的改变，后一时期的建筑特点就开始萌芽。这就是建筑的传统与革新的必定的过程。

词语在线

革新：革除旧的，创造新的。

遗迹：古代或旧时代的事物遗留下来的痕迹。

在相当一个时期之内，最普遍的、已发展成熟且代表着数量较大、为当时主要类型的建筑物的风格特征的，我们把它们概括地归纳在一个历史阶段之内。因此这个阶段中，前后期的实物必然是承上启下，有独特变化的一些范例。我们现在很不成熟地暂将几千年的中国建筑大略分成如下七个阶段，为的是能和大家将来做更细致的商榷和研究。

第一阶段——从远古到殷

（公元前一一二二年以前）

考古学家在河北省房山县周口店龙骨山发现的“北京人”遗址供给我们中国建筑史上最早的实物资料。它说明四五十万年前，华北平原上使用极粗的石器，已知用火的猿人解决居住问题的“建筑”是天然石灰岩洞穴。

在周口店猿人洞的山顶上又发现有约十万年前的人骨化石、石器和骨器。考古家称这时期的文化为“山顶洞文化”。这时遗留的兽骨、鱼骨，证明这时的人过的是渔猎生活。遗物中有骨针，证明他们已有简单的缝纫；人骨化石旁散有染红的石珠，显然他们已有爱美装饰的观念。

天然洞穴之外，还有人工挖掘的窨穴，许多是上小下大的“袋形穴”。这些大约是公元前三千年的遗迹。在华北黄土区削壁上也有掘进土壁的水平的洞。

中国境内一向居住着文化系统不同、祖先世系不同的各种族。他们各在所居住的土地上，和自然界作斗争，发展自己的文化，也互相有冲突，互相影响，以至于融合。在地下遗物中留着不少痕迹。在河南渑池县仰韶村发现有较细的石器、石制农具、石制纺轮、石镞和彩色陶器等遗物的遗址。这些遗物证明居住在这里的人的生活情况是畜牧业和最原始的农业逐渐代替了渔猎，因而开始定居，并有了手工业。和它同系的文化散布在广大的中国西北地区，总称做“仰韶文化”。当时的人居住过的遗址多半在河谷里，大约为了取水方便，又可以利用岸边高地掘洞穴。在山西夏县遗址中所见，他们的住处是挖一长方形土坑，四面有壁，像小屋，屋屋相连，很像村落。仰韶文化是中国先民所创造的重要文化之一，考古家推断为黄帝族的文化，比羌、夷、苗、黎等族有更高的成就，距今约有四五千年。这时期不但有较细致的石制骨制器物，而且纹饰复杂，色彩美丽，有犬、羊和人的形纹画在陶器上。遗迹中有许多地穴，虽然推测穴上也可能有树枝茅草构成的覆盖部分，但因木质实物丝毫无存，无法断定。

古代文献给我们最早的纪录资料是春秋时人提到的尧、舜时期的房子：尧的“堂高三尺，茅茨土阶”。现在我们所已得到的最早的建筑实物是河南安阳殷时代的宫殿或家庙遗址：底下有高出地面的一个土台，上有排列的石础和烧剩的木柱的残炭。大体上它们是符合于“堂高三尺”的说法的。但由于殷墟遗址上地穴仍然很多，一般人民居住的主要仍是穴居和半穴居方法，有茅茨和高出地面的土台的，可能是阶级社会开始时的产物，在尧时还没有出现。殷墟夯土台以下所发见比殷文化更早的穴居，它们是两两相套的圆形穴，状如葫芦，也像古代象形字里的“[illegible]”（宫）字，穴内墙面已用白灰涂抹。

名师点评

这句话采用了比喻的修辞手法，形象逼真，使读者对殷墟夯土台以下的穴居有了更具体的理解。

阶级社会开始于夏。夏的第一代禹是原始灌溉的发明者，又因同黎族、苗族战争胜利，把俘虏做奴隶，用于生产，是生产力大大跃进的时代。

生产力的提高开始影响到生产关系。禹的儿子启承继父亲做酋长，开始了世袭制度。历史上称这一世系的统治者做夏朝，是中国历史上第一个朝代。由这个时期起才开始破坏了原始公社制度，产生了阶级社会；社会中贵与贱，贫与富逐渐分化，向着奴隶制度国家发展。

夏的文化就是考古学家所称的黑陶或龙山文化，分布地区很广（河南、山东和江南都有遗物发现），农业知识和手工艺的水平高于仰韶文化。但夏时常迁都，主要遗址尚待发掘。传说夏有城郭叫做“邑”。财产私有才有了保卫的必要；有了奴隶的劳动，城池一类的大土方建筑也成了可能。在山东龙山镇城子崖发现一处有版筑城墙的遗址，墙高约六米，厚约十米，南北长四五〇米，东西三九〇米，工程坚固，但是否夏的实例，我们还不能得出结论。夏启袭位以后，召集各部落酋长在“钧台”大会，宣告自己继位。因为夷族不满意，启迁到汾浍流域的大夏，建都称做“安邑”。这两个作为地名的“台”和“邑”，和这类型的建筑物可能是有关系的。高出地面的和围起来的建筑物似乎都是在阶级社会形成的初期出现的。

词语在线

占卜：古代用龟、蓍等，后世用铜钱、牙牌等推断祸福，包括打卦、起课等（迷信）。

夏启传到著名暴君桀是四百多年长的时间，纺织业和陶器物都很发达，已用骨占卜，后半期也有铜的遗物。文化又有若干进展。奴隶主的残酷统治招致了灭亡。夏桀是被殷的祖先商汤所灭。

商是在东方的部落，在灭夏以前已有十几代，文化已有相当发展，农业知识比夏更高，手工业也更进步，并且已利用奴隶生产，增加货物的制造。和建筑技术有密切关系的造车技术也传说是汤的祖先相土和王亥等所发明的。尤其是王亥曾驾着牛车在部落间做买卖交易货物，这个事实和后代的殷民驾车经营商业的习惯有关。

商汤传了十代，迁都五次，到盘庚才迁移到现在河南安阳县的小屯村。这地方就是考古学家曾作科学发掘研究的殷墟遗址所在。内中有供我们参考的中国最早的地面建筑物的基址残迹。盘庚以后传到被周武王灭掉的纣，商朝文化又经过六百余年的发展。

在阶级剥削的基础上，商朝的文化比夏朝更有显著的进步。中国古代文化，包括文学、音乐、艺术、医药、天文、历法、历史等科学，在商朝都奠定了初基，建筑也不是例外。

殷墟遗址的发掘给了我们一些关于殷代建筑的知识。遗址是一些土台，大致按东西和南北的方向排列着，每单位是长方形的，长面向前。发掘所见有夯土台基，柱下有础石，且用铜槓垫在柱下，间架分明，和后代建筑相同。因有东西向的和南北向的基址，可见平面上已有“院”的雏形。大建筑物之前还有距离相等的三座作为大门的建筑。韩非子所说的尧“堂高三尺，茅茨土阶”倒很像是描写殷代的宫殿或家庙的建筑。至于《史记》所说“南距朝歌，北据邯郸及沙丘，皆为离宫别馆”，形状如何，已不可见。殷亡后，封在朝鲜的殷贵族箕子来朝周王，路过殷墟，有“感宫室毁坏生禾黍”的话。我们知道这些建筑在周灭殷时就全部被焚毁了。考古学家断定殷墟所发掘的基址是“家庙”。这些基址的周围有许多坑穴，埋着大量的兽骨——祭祀时所杀的祭牛，乃至象、鹿等骨骼，也有埋着人骨

词语在线

雏形：①未定型前的形式。②依照原物缩小的模型。

的。另外经过发掘的是一些大型墓葬，内部用巨木横叠结构作墓室，规模庞大，不但殉葬器物数量大，珍品多，还杀了大量俘虏殉葬。这些资料所反映的情况是殷统治者残酷地对待奴隶，迷信鬼神，隆重地祭祀祖先，积聚珍品器物，驱使有专门技术的工奴为统治者制造铜器、玉器、陶器、骨器、纺织等和进行房屋建造。遗址中还有制造各种器物的工场。

第二阶段——西周到春秋·战国

（公元前一一二二～前二四七年）

周是注重农业生产而兴旺起来的小部落，对耕作的奴隶比较仁慈。周文王的祖父太王的时代，被戎狄所迫，不愿战争，率领一批人民迁到岐山下（陕西岐山县），许多其他地方的人民来依附他，人口增多。太王在周原上筑城郭家屋，让人居住，分给小块土地去开垦，和耕种者之间建立了一种新的关系。从此就开始了封建制度的萌芽，也成立了粗具规模的小国。

在我国最古的文学作品《诗经》里有一篇关于周初建筑的歌颂和描写，使我们知道，周初开始的新政治制度的建筑和殷末遗址中迷信鬼神，残酷对待奴隶的建筑，内容上是极不相同的。诗里先提到的是生活更美好，人民对这次建造有很高的情绪，例如说周祖先过去都是穴居的，“未有家室”，而迁到岐下时便先量了田亩，划出区域，找来管工程的“司空”和管理工役的“司徒”，带了木板、绳子和建筑用的工具来建造房子。他们打着鼓，兴奋地筑起许多堵用土夯筑的墙壁。接着又说先建了顶部舒展如翼的宗庙，“作庙翼翼”，然后又立起很高的“皋门”，和整齐的“应门”，然后筑集会用的“大社”的土台或

词语在线

依附：①附着。②依靠某种人或事物而不能自立或自给；从属。

翼翼：①严肃谨慎。②严整有秩序。③繁盛；众多。

广场。虽然当时的具体形象我们不得而知，可注意的是这时建筑已不是单纯解决实用的而是有代表政治制度思想内容的作用的；并且在写这章诗的年代，已意识到人们对自己所创造的建筑物的艺术形象所起的效果是感觉愉快而骄傲的。

周文王反对殷统治的残暴、贪财、侈奢、酗酒和嬉游无度，荒废耕地。他自己所行的是裕民政策，他的制度建立在首领奉行“代天保民”，后代称为行“仁政”的思想上。事实上，这就是征收较有节制的租税，不强迫残暴的劳役，让农家有些积蓄，发生力耕的兴趣，提高生产。关于这种政治情况的时代的建筑物，一定还很简单朴实，如《诗经》所载周文王著名的灵囿，囿中有灵台和灵沼。古代的囿是保留着有飞禽走兽供君王游猎的树林区；内中的台和沼，就是供狩猎时瞭望的建筑，和养禽鸟的池沼。这种供古代统治者以射猎集会、聚众游宴的台，或开始于更远古利用天然的土丘而发展的，到了春秋战国，诸侯强盛的时候，才成为和宫室同样重要的台榭建筑。再发展而成为秦汉皇宫苑囿中一种主要建筑物，侈丽崇峻的台殿楼观，积渐成为中国建筑中“亭台楼阁”的传统。

词语在线

瞭望：①登高远望。②特指从高处或远处监视敌情。

《诗经》中有一篇以文王灵台为题材，描写人民为他筑台时的踊跃情形以反映政治良好的气象的诗。足见封建初期征用劳动力还有限，劳动人民和统治者在利益上，还没有大的矛盾，对于大建筑物的兴建，人民是有一定的热情和兴趣的。这正是周制度比商进步的证据。但是无可疑问的，这时周的工艺还简陋，远不如代代有专门技术奴隶进行制造奢侈器物的商和殷。殷统治下的氏族百工，分工很细，有大量奴隶。周公灭殷时，分殷民六族给鲁，七族给卫，内中就有九种专工。殷的铜器和刻玉，不但在技术上达到高度发展，在艺术造形和纹样图案方面也到了精致无比的程度。周占有了殷的百工后，文化艺术才飞跃地向前发展了。

西周之初，曾建造过三次城，一次比一次规模大，反映出它的发展，且每次内容也都反映出当时政治经济的情况的特点。第一次是他们农业发展到渭水流域，在沣水西边，文王建丰邑。第二次是武王建镐京，不但在沣水东边，而且由称“邑”到称“京”，在规模上必然是有区别的。第三次是周公在洛阳建王城，后来称东京。这次的营建是政治军事的措施。周灭东边的强国殷，俘虏了殷的贵族（大小奴隶主们），降为庶民；他们不服，周称他们做“顽民”，成了周政治上一个问题。为了防止叛乱，能控制这些“顽民”，周公选了洛阳，筑了成周，把他们迁到那里生产，并驻兵以便镇压。因此在成周之西三十余里，建造了中国最古的有规划的极方正的王城。这种王城的规模制度，便成了中国历代封建都市的范本。

词语在线

范本：可做模范的样本（多指书画）。

一向威胁西周安全的是戎狄，反映在建筑上就有烽火台这种军事建筑物，它是战国时各国长城的先声。

到现在为止，我们对遗址从未作过科学发掘的西周建筑，没有一点具体实物资料。号称周文王陵的大坟墓也有待于考古家发掘证实；过去有所谓文王丰宫的瓦当是极可怀疑的遗物。

周的政治制度，虽说是封建制度的萌芽，但是在建筑物上显然表现出当时是利用大量奴隶俘虏进行建造的，如高台、土城、陵墓都是需要大量劳动力的、有大量土方的工程，而主要的劳动力的来源是俘虏的奴隶。

西周被戎狄攻入，迁到洛阳称东周以后到春秋战国，王室衰微，诸侯各在自己势力范围内有最大权威，成立独立的大小国家。他们不严格遵守领主所有制：原来领主封得的土地可以自由买卖，产生了新兴的地主阶级。又因开始使用铁器，不但农业生产提高，并且大大影响到手工业和商业的发展。诸侯国的商业比周王国更发达。各处出现了大小都邑，如齐的临淄，赵的邯郸，郑的郑邑，卫的卫邑，和晋的绛，后来还有秦的咸阳和楚的寿春等等。这些城邑，都是人口增多，成了大商业中心。临淄的人口增到了七万户。手工业者由奴隶的身份转变为自由职业的匠人，还有自己的“肆”，坐在肆中生产并营业。巧匠是很被推崇的人物，尤其是木匠和造车的，都留下闻名到后代的匠师，如鲁的公输班，和轮匠扁这样的人物。

春秋战国时代，不但生产力和生产关系都起了变化，各国文化也因同非华族的民族不断战争和合并，推动了很蓬勃的发展。东方齐、鲁、卫早在商殷的基础上加了夷族的贡献，发展了华夏文化；最先使用铁器就是夷族。南方又有楚越开发长江流域的文化，吸收苗蛮的成就；如蚕业和漆器的卓越成就，不可能没有苗民的贡献。西方的秦在戎狄中称霸，开国千里，又经营巴蜀，一跃而成为诸侯国中最先进的国家。晋楚中间的小国郑，商业极端发达，用自己的经济特点维持在大国间自己一定的势力。近来新郑出土的铜器证明它的手工业也有自己极优秀的创造。这时北方的燕开始壮大，筑长城防东胡，发展中国北面的文化。韩、赵、魏三家分晋，各自独立发展，仍然都是强国。这样分布在全中国多民族的文化发展，后来归并成了七国，是统一中国的秦汉的雄厚基础，其中秦楚的贡献最大。

名师点评

这里说的长城始建于春秋战国时代的燕国，已有2000多年的历史。而现在所说的万里长城，多指明代修建的长城。

在建筑上，这时期最重要的是为农业所最需要的“邑”的组织形式：如有“十室之邑”，和“千室之邑”等这种不同的单位。大都邑有时也称国，国有城池之设，外有乡民所需要的“郭”；内有商业所需要的“市”；卿士们所住的“里”；手工业生产者所需要的“肆”；诸侯的宫室、宗庙、路寝；招待各国使者的“馆”；王侯宴会作乐的“台榭陂池”，以及统治者的陵墓。人民所创造的财富愈大，技术愈精，艺术愈高，统治者愈会设法占有一切最高成就为他们的权利，乃至于不合理的享乐服务。宫室和台榭等等在这个时代，很自然地开始有雕琢加工的处理出现。晋灵公“厚敛以雕墙，从台上弹人，而观其避丸”，文献就给了我们这样一个例子。

词语在线

雕琢：①雕刻（玉石）。②过分地修饰（文字）。

今天我们所能见的建筑实物只有基址坟墓。大陵也还没有系统地发掘，小墓过于简单，绝不能代表当时地面建筑所达到的造形或技艺的水平。从墓中出土的文物来看，战国时工艺实达到惊人的程度。东周诸侯各国器物都精工细作，造形变化生动活泼，如金银镶错的器物，工料和技艺都可称绝品。新郑的铜器，飞禽立雕手法鲜明；楚文物中木雕刻、漆器、琉璃珠等都是工艺中登峰造极的。当时有多少这样工艺用到建筑上，我们无法推测。它们之间必然有一定程度的联系则可以断言。

文献上“美宫室，高台榭”的记载很多。鲁庄公“丹桓宫之楹而刻其桷”；赵文子自营居室，“斫其椽而砻之”，是建筑上加工的证据。晋平公“铜鞮之宫数里”。吴王夫差的宫里“次有台榭陂池”，建筑规模是很大的。由于见了秦穆公的“宫室积聚”，曾说：“使鬼为之则劳神矣！使人为之亦苦民矣！”这两句话正说出了工程技巧令人吃惊，而归根到底一切是人民血汗和智慧的意思。我们可以推测当时建筑规模、艺术加工，

名师点评

应是由余，姬姓，春秋时期晋国人，是帮助秦穆公称霸西戎的重要谋臣。

绝不会和当时其它手工艺完全不相称的。

在发掘方面，我们只有邯郸赵丛台和易县燕下都的不完整基址。这些基址证明当时诸侯确是纷纷“高台榭以明得志”。最具体的形象仅有战国猎壶上浮雕的一座建筑物。建筑物约略形状已近似汉画中所常见的。虽然表现技术是古拙的，所表现的结构部分却很明确，显然是写实的。根据它，我们确能知道战国寻常木结构房屋的大体。

没有西周到春秋战国这样一个多民族发展时期蓬勃的创造为基础，两汉灿烂的文化是不可能的。

第三阶段——秦·汉·三国

（公元前二四七～二四六年）

秦逐渐吞并六国，建立空前的封建极权皇朝，建筑也相应地发展到空前的规模。

词语在线

极权：指统治者依靠暴力行使的统治权力。在极权统治下，人民毫无自由。

秦的都城咸阳原是战国时七国之一的王城规模。秦每攻灭一个国家，就在咸阳的北面仿建这个国家的宫室。到秦统一六国，战国时期各国建筑方面的创造经验也就都随而集中到咸阳。战国以来各国高台榭、美宫室的各种风格在秦统一全国的过程中，发展出集珍式的咸阳宫室。这些宫殿又被“复道”和“周阁”连结起来，组合成复杂连续的组群，在总的数量以及艺术的内容上是远超出六国宫室之上。

公元前二二一年，全国统一之后，形成了新的政治经济形势。咸阳从前秦所建的王宫已经不能适应新情况的要求；到公元前二一二年开始兴建历史上著名的“阿房宫”。这座空前宏伟的宫是以全国统一的政治中心的规模建造的，位置在咸阳南面的渭水南岸。主要的“前殿”建在雄伟的高台上；根据记载是东西五百步，南北五十丈，上面可以坐万人，台下可以竖立高五丈的大旗；周回都有阁道；殿前有“驰道”，直达南山，并加筑南山的山顶，作为殿前的门阙；殿后加“复道”，跨过渭水与咸阳相连。这种带山跨河，长到几十里的布置手法以及咸阳附近二百里内建造了二百七十多处宫观和大量连属的复道的纪录，可以看到秦代建筑惊人的规模。

极其夸张的宫室建筑之外，秦代建筑雄大的规模也表现在世界驰名的长城上。秦代的长城是西起临洮，东到辽东，借战国各国旧有的长城为基础，用三十万士兵囚犯筑成的跨山越野蜿蜒数千里的军事工程。与长城相当的还兴筑了贯通全国重要城市的军用“驰道”，也是非常惊人的措施。

这些完全不顾民力的庞大建设工程，一方面表现了秦代惨酷的军事统治，另一方面也说明了战国以来生产力的发展，在得到统一之后发挥出的力量；整个秦代的建筑在新的经济基础上的发展是远超越了以前各时代，开创了新的统一的封建王朝的规模。

秦代的宏伟建筑仍是以木材结构配合极大的夯土高台建成的。这些庞大的工役一部分由内战时代俘虏担任，另一部分是征召来的人民在暴力强迫下进行的。秦以胜利者的淫威，在不顾民力的大兴工役中，横征暴敛，使人民流离死亡，更加深了阶级矛盾，促成了中国第一次大规模的农民起义。人民血汗和智慧所创造的咸阳壮丽的宫室只被人民认作残暴统治的象征。项羽领兵纵火全部烧毁它们以泄愤是可以理解的。但从此每次在易朝换代的争夺中，人民的艺术财富，累积在统治者的宫中

词语在线

连属(zhǔ)：连接；联结。也作联属。

横征暴敛：强征捐税，搜刮百姓财富。

纪念性建筑组群里的，都不能避免遭到残酷的破坏。

秦代的建筑现在仅能从阿房宫遗址和骊山秦始皇陵庞大的土方工程上看到当时的规模。秦始皇陵内部原有豪华的建筑和陈设也遭到项羽入关时劫掠破坏。但这部分秦代人民的创造残余部分，无疑的还埋藏在地下，等待考古科学家加以发掘整理。

西汉是秦末的农民斗争产生的封建统一王朝。这次起义所表现人民的力量，使汉初的统治者采用简化刑法和减轻剥削的政策，使人民得到休息，恢复了生产。

汉初的建筑是在战争没有结束时进行的。重要的建筑是在咸阳附近利用秦的离宫故基为基础修建的长乐宫。这座宫周围二十里，是一座具有高台大殿和许多附属殿屋的宫城。

接着建造的未央宫是西汉首创的一座宫。它的周围是二十八里，主持规划的是萧何，技术方面负责的是军匠出身的阳城延。刘邦曾因见到这座建筑的奢侈华丽而发怒。萧何说他主张建造未央宫的理由是“天子以四海为家，非壮丽无以重威”。这说明他认识到统治者可以使他的建筑作为巩固他的政权的一种工具；认识到建筑艺术所可能有的政治作用。这个看法对以后历代每次建立王朝时对于都城和宫室等艺术规模的重视起了很大的影响。

词语在线

四海为家：原指帝王占有天下，统治全国。现指志在四方，以各处为家，而不留恋故土或小家庭。

未央宫的前殿是以龙首山作殿基，使这座大殿不必使用大量的土方工程，就很自然地高耸出附近的建筑之上。这是高台建筑创造性的处理，目的在避免秦代那样使用大量人力进行土方工程的经验。

长乐、未央两宫都在秦咸阳附近，都是独立完整成组的规模。后建的未央宫是据龙首山决定的位置，两宫东西之间虽距离很近，但不是很整齐并列的。到公元前一八七年筑长安城时，南面包括两宫在内，北面因发展到渭水岸边，因此汉长安城的平面图形南北都不是整齐的直线。但这座壮丽大城的城内是规划成方正整齐的坊里，贯以平直宽阔的街道组成的，它的规模也发展到周围六十五里。

汉初的政策使农业得到急速的发展，到武帝时七十年间的和平时期，国家积累了大量的财富。随着经济的繁荣，西汉这时的国力和文化都超出附近国家。当时北方游牧的匈奴是最强悍的敌对民族，屡次侵入北方边境；中国甘肃以西的少数民族分成三十六国，都附属于匈奴。汉武帝想削弱匈奴，派张骞出使西域了解各国情况，并企图掌握与西方商业交通的干路。汉代因向西的发展而与优秀的古代小亚细亚和印度的文化接触，随着疆域的扩张和民族斗争的胜利，突破了以前局限的世界地理知识，形成大国的气派和自信。汉武帝时是早期封建社会的高峰，这时期的建筑，除增建已有的宫室之外，又新建了许多豪侈的建筑，其中如长安的建章宫和云阳的甘泉宫都是极其宏阔壮丽的庞大的建筑群。

建章宫在长安城西附郭，前殿更高于未央，宫内的建筑被称为“千门万户”，所连属的囿范围数十里；宫内开掘人工的太液池，并垒土作山，池中的渐台高二十余丈。高建筑如神明台、井干楼各高五十丈。神明台上有九室，又立起承露盘高二十丈，直径大有七围。井干楼是积叠横木构成的复杂木构建筑。中国最早的高层建筑在这时候产生了。

长安东南的上林苑周围三百余里，其中离宫七十多座，能容千骑万乘。

西汉的宫室园囿很多是就秦代所筑的高基崇台作基础的，一般建筑规模并不小于秦代。由于生产关系比秦代进步，整个国家在蓬勃发展中，因此许多游乐性质的建筑在工料上又超过了秦代。这个时期的建筑，是随着整个社会的发展而又向前迈进了一步。

西汉农业的发展走向自由兼并。随着土地集中，阶级分化，到西汉末引起的农民起义，又再次在混战中焚毁了长安的宫室。

东汉是倚靠地主阶级的官僚政权统治人民的，国家的财力比较分散，都城洛阳的宫室规模不及长安，但在规划上更发展了整齐的坊里制度，都城的部署比长安更整齐了。

词语在线

外戚：指帝王的母亲和妻子方面的亲戚。

这时期的建筑，是王侯、外戚、宦官的宅第非常兴盛，如桓帝时大将军梁冀大建宅第，其妻孙盛也对街兴建，互相争胜。建筑是连房洞户，台阁相通，互相临望。柱壁雕镂，窗用绮疏青琐，木料加以铜和漆，图画仙灵云气；又广开苑囿，垒土筑山；飞梁石磴，凌跨水道，布置成自然形势的深林绝涧。豪侈的建筑之外，宅第中的园林建筑也非常讲究。这些宅第的建筑记载超过了宫室，正反映着东汉社会的具体情况。

东汉洛阳的建筑也在末年的军阀战争中被董卓焚毁了。

这时期中可能是由于与西方交通的影响，用石材建造坟墓前纪念性建筑的风气逐渐兴盛。现在还留下少数坟墓前的石阙和石祠，其中如西康雅安的高颐阙，山东嘉祥的武氏石阙和石室都是比较著名的遗物。在雅安的高颐阙选用的式样和浮刻上是充分地应用了当时的木建筑形式。在这些比例谨严的石刻遗物上可以看到一些具体的汉代建筑艺术形象。

考古学家发现的明器中有许多陶制的建筑模型和画像砖，

使我们具体地看到汉代建筑的形象，由殿宇、堂屋、楼阁、台榭、庭院、门阙、城楼、桥梁到仓廪、厩厕等等。还有每次发掘所发现的汉代工艺美术品，其中如丝织、漆器、铜器之中，都有极其精美的作品，与汉代辉煌的物质文化发展情况相符合。而汉代建筑的精华则不是现存这些砖石坟墓的建筑或明器上所表现的所能代表的。在对大规模的遗址还没有作科学发掘工作的目前，我们仅能认识到汉代建筑的一些片断而已。

词语在线

仓廪(lǐn)：储藏粮食的仓库。

三国分裂的时期中，曹魏所据的中原地区有比较优越的人力和物质条件，建筑的规模也比较大。这时期中最突出的成就是曹操经营的邺城。从这座都城的文献记载上可以看到简单明确的分区规划和中轴对称的布局是发展到比东汉的洛阳更高的水平上。邺城的规划中如皇宫位置在城内中轴的北部，使皇宫面临城内纵横相交的主要干道；居民的坊里布置在城内南部；左右干道的交点布置成坊市的中心等先进的方式，都是隋唐长安的先型。

南方比较边远的地区，经吴和蜀两国的经营，经济文化都得到一定的发展。从考古学家发现的一些片断资料看到整个三国时期大致仍是汉代工程技术与艺术风格的继续，并没有显著的变化。

第四阶段——晋·南北朝·隋

（公元二六五～六一八年）

六朝的建筑是衔接中国历史上两个伟大文化时期——汉代与唐代的——桥梁，也是这两时期建筑不同风格急剧转变的关键。它是由汉以来旧的、原有的生活习惯、思想意识和新的社会因素，精神上和物质上剧烈的新要求由矛盾到统一过程中的产物。产生这新转变的社会背景主要有三个因素：一是北方鲜卑、羌等胡族占据中原——所谓“五胡乱华”在中国政治经济和文化上所起的各种复杂的变化。二是汉族的统治阶级士族豪门带了大量有先进技术的劳动人民大举南渡，促进了南方经济和文化的发展。三是在晋以前就传入的佛教这时在中国普遍的传播和盛行，全国上下的宗教热忱成了建筑艺术的动力。新的民族的渗入，新的宗教思想上的要求，和随同佛教由西域进来的各种新的艺术影响，如中亚、北印度、波斯和希腊的各种艺术和各种作风，不但影响了当时中国艺术的风尚手法，并且还发展了许多新的，前所未有的建筑类型及其附属的工艺美术。刻佛像的摩崖石窟，有佛殿、经堂的寺院组群，多层的木造的和砖石造的佛塔，以及应用到世俗建筑上去的建筑雕刻，如陵墓前石柱和石兽和建筑上装饰纹样等，就都是这时期创造性的发展。

词语在线

胜景：优美的风景。

寺院组群和高耸的塔在中国城市和山林胜景中的出现划时代地改变了中国地方的面貌。千余年来大小城市，名山胜景，其形象很少没有被一座寺院或一座塔的侧影所丰富了的。南北朝就是这种建筑物的创始时期。当时宗教艺术是带有很大群众性的。它们不同于宫廷艺术为少数人所独占，而是人人得以观赏的精神食粮，因此在人民中间推动了极大的创造性。

北魏统治者是鲜卑族，尊崇佛教的最早的表现方法之一是在有悬崖处开凿石窟寺。在第五世纪后半叶中，开凿了大同云冈大石窟寺。最初或有西域僧人参加，由刻像到花纹都带着浓重的西域或印度手法风格。但由石刻上看当时的建筑，显然完全是中国的结构体系，只是在装饰部分吸取了外来的新式样。

北魏迁都到洛阳，又在洛阳开造龙门石窟。龙门石窟中不但建筑是原来中国体系的，就是雕刻佛像等等，也有强烈的汉代传统风格。表现的手法很明显是在汉朝刻石的基础上发展起来的。在敦煌石窟壁画上所见也证明在木构建筑方面，当时澎湃的外来的艺术影响并没有改变中国原有的结构方法和分配的规律。佛教建筑只是将中国原有的结构加以创造性的应用和发展来解决新问题。最明显的例子就是塔和佛殿。

当时的塔基本上是汉代的“重楼”，也就是多层的小楼阁，顶上加以佛教的象征物——即有“覆钵”和“相轮”等称做“刹”的部分。这原是个缩小的印度墓塔（中国译音称做“窣堵坡”或“塔婆”）。当时匠人只将它和多层的小楼相结合，作为象征物放在顶部。至于寺院里的佛殿，和其他非宗教的中国庭院殿堂的构造根本就没有分别。为了内容的需要，革新的部分只在殿堂内部的布置和寺院组群上的分配。

这时期最富有创造性而杰出的建筑物应提到嵩山嵩岳寺砖塔。在造型上，它是中国建筑第一次，也是唯一的一次试用十二角形的平面来代替印度窣堵坡的圆形平面，用高高的基座和一段塔身来代表“窣堵坡”的基座和“覆钵”（半球形的塔身），上面十五层密密的中国式出檐代表着“窣堵坡”顶上的“刹”。不但这是一个空前创作，而且在中国的建筑中，也是第一个砖造的高度达到近乎四十米的高层建筑，它标志着在砖石结构的工程技术上飞跃的向前跨进了一大步。

南北朝最通常的木塔现在国内已没有实物存在了。北魏杨炫之在《洛阳伽蓝记》中详尽地叙述了塔寺林立的洛阳城。一个城中，竟有大小一千余个寺庙组群和几十座高耸的佛塔。那

词语在线

澎湃：①形容波浪互相撞击。②形容声势浩大，气势雄伟。

造型：①创造物体形象。②创造出来的物体的形象。也作造形。③制造砂型。

景象是我们今天难以想象的。木塔中最突出的是永宁寺的胡太后塔：四角九层，每层有绘彩的柱子，金色的斗栱，朱红金钉的门扇，刹上有“宝瓶”和三十层金盘。全塔架木为之，连刹高“一千尺”，在“百里之外”已可看见。它在城市的艺术造型上无疑的是起着巨大作用的高耸建筑物。即使高度的数字是被夸大了或有错误，但它在木结构工程上的高度成就是无可置疑的。这种木塔的描写，和日本今天还保存着若干飞鸟时代（隋）的实物在许多地方极为相近。云冈石窟中雕刻的范本和这木构塔的描写基本上也是一致的。

当隋统一中国之前，南朝“金粉地”的建康，许多侈丽的宫殿，毁了又建，建了又毁，说明南朝更迭五个朝代，统治者内部政治局势的动荡不定。但统治阶级总是不断地驱使劳动人民为他们兴建豪华的宫殿的。在艺术方面，虽在政治腐败的情况下，智慧的巧匠们仍获得很大的成就。统治者还掠夺人民以自己的热情投在宗教建筑上的艺术作品去充实他们华丽的宫苑。齐的宫殿本来已到“穷极绮丽”的程度，如“遍饰以金壁，窗间尽画神仙，……椽桷之端悉垂铃佩，……又凿金为莲花以帖地”等等，他们还嫌不足，又“剔取诸寺佛刹殿藻井、仙人、骑兽以充足之”。从今天所仅存的建筑附属艺术实物看来，如南京齐、梁陵墓前面，劲强有力，富于创造性的石柱和石兽等，当时南朝在木构建筑上也不可能没有解决新问题的许多革新和创造。

名师点评

这里作者引用了《南史》等史籍中对南朝齐时大兴土木的东昏侯的描写，形象展示了当时建筑“穷极绮丽”的特点。

到了隋统一全国后，宫廷就占有南北最优秀的工艺匠人。杨广（隋炀帝）的大兴土木，建东京洛阳，营西苑时期，就有迹象证明在建筑上摹仿了南朝的一些宫苑布局，南方的艺匠在其中也起了很大作用。凿运河通江南，建造大量华丽有楼殿的大船时，更利用了江南木工，尤其是造船方面的一切成就。在此之前，杨坚（文帝）曾诏天下诸州各立舍利塔，这种塔大约都是木造的，今虽不存，但可想见这必然刺激了当时全国各地方普遍的创造。

在石造建筑方面，北魏、北周、北齐都有大胆的创造，最丰富的是各个著名的石窟寺的附属部分。也就是在这时期一位天才石匠李春给我们留下了可称世界性艺术工程遗产的河北赵县的大石桥。中国建筑艺术经过这样一段新鲜活泼的路程，便为历史上文艺最辉煌的唐代准备了优越的条件。

第五阶段——唐·五代·辽

（公元六一八～一一二五年）

这个阶段的建筑艺术是以南北朝在宗教建筑方面和统一全国的隋代在城市建设方面所取得的成就为基础的。初唐建设雄宏魁伟的气魄和中唐雅致成熟的时代风格是比南北朝或隋代的宗教艺术更向前迈进了一大步的。唐将外来许多新因素汉化了，将陌生的非中国的成分和典雅庄严对称的中国格局相结合，为中国的封建社会生活服务。如须弥座、莲瓣、柱础、砖塔、塔檐瓦饰、栏杆之类都改进成更接近于中国人民所习惯的风格。在砖塔式样上也经过一些成熟的变化；中国第一座八角塔就在这时期初次出现。唐建筑制度、技术手法和艺术作风的特点开始于初唐，盛于中唐前后，在中央政权削弱的晚唐和藩镇割据的五代时期仍在全国有经济条件的地区，风行颇长一个时期，而没有突出的改变。

唐政治经济的特点是唐初李渊父子统一了隋末暴政所引起的混战中的中国而保留了隋政治、经济、文物制度中的一些优点；在李世民在位的二十几年中，确使人民获得休养生息的机会。当时政治良好，而同时对外战争胜利，鼓励胡族汉人杂居，不断和西域各民族有文化和商业的交流。农业生产提高，商业交通又特别发展，海路可直通波斯。社会经济从此一直向上发展了百余年。基础稳定的唐代中央专制集权的封建社会恢复了西汉的盛况，全国文学艺术便随着有了高度的发展。唐代在建筑上一切成就也就是中国封建社会的文学艺术到达一个特殊全盛时代的产物。唐中央政权的腐朽削弱开始于内部分裂，终于在和藩镇的矛盾和农民的反抗中灭亡。但是工商业在很大程度内未受中央政权强弱的影响。宗教建筑活动也普遍于民间，并不限于中央皇室的建造。

词语在线

休养生息：指在国家大动荡或大变革以后，减轻人民负担，安定生活，发展生产，恢复元气。

当隋初统一南北建国时期计划了后来成为唐长安的大兴城时，有意识地要表现“皇王之邑”。因此建造的是都城、皇城、宫城、正朝、府寺、百司、公卿邸第、民坊、街市等等——明明白白的是封建政权的秩序所需要的首都建设。它所反映的是统一封建专制国家机器的一个重要方面。也就是当时的统治阶级所制定的所谓文物制度的一种。唐初继承了这样一个首都。最主要的修建就是改大兴殿为太极殿。左右添了钟楼、鼓楼，使耸起的形象更能表现中央政权的庄严。再次就是另建一个雄伟的皇宫组群。新建的大明宫在一条南北中线上立了一系列的大殿，每殿是一组群，前面有门，最南面是丹凤门和含元殿。大殿就立在龙首山的东趾上，“殿陛高于平地四十余尺”，左右有“砌道盘上，谓之龙尾道”。殿左右有两阁，阁殿之间用

“飞廊”相接。这样的形象魁伟、气魄雄宏的规模，是过去汉未央宫开国气概的传统。不过在建造上显然是以汉兴以来八百年里所取得的一切更优秀的成就来完成的。但在宗教建筑方面，初唐承继了隋代的创建，并不鼓励新建造。这方面显然不是当时主要的活动。

代表初唐以后到中叶的建筑活动的有两个方面：宫廷权贵为了宴游享乐所建的侈丽宫苑建筑和邸第，和宗教建筑活动。在这两个方面高度艺术性的各种创造都是当时熟练的工匠和对宗教投以自己的幻想和热忱的劳动人民集体智慧的结晶。代表前一种的，可以举宫廷最优秀的艺匠为唐玄宗在骊山建筑的华清宫，这样著名的艺术组群，据记载是“骊山上下，益置汤井为池，台殿环列山谷”，并且一切是“制作宏丽”“雕镌巧妙”，“殆非人功”的艺术创造。有名的长安风景区的曲江上宫苑也在这时期开始了建筑。至于当时权贵和公主们所竞起的宅第则是“以侈丽相高，拟于宫掖，而精巧过之”。这样的事实说明当时建筑工程技术和艺术上最高成就已不被宫廷所独占，而是开始在有钱有势的阶层里普遍起来了。

词语在线

宫掖：宫室；宫廷（掖：掖庭，皇宫中的旁舍）。

唐代的皇室因为姓李，所以尊崇道教，因为道教奉李耳为始祖。然而佛教的势力毕竟深入到广大民间，今天存留的唐代建筑，除极少数摩崖造像外，全部都是佛教的。其中较早的，全是砖塔。

唐朝的砖塔大致可分为四个类型：（一）“重楼式”塔，如西安慈恩寺的大雁塔和兴教寺的玄奘塔等。它们的形式像层层叠起的四方形重楼，外表用砖砌成木结构的柱、枋、斗栱等形象。这两座塔都建于七世纪后半和八世纪初年。它们是砖造佛塔中最早砌出木构形式的范例。（二）“密檐式”塔，如西安荐福寺的小雁塔，河南嵩山永泰寺塔和云南大理崇圣寺的千寻塔等。这个类型都在较高的塔身上出十几层的密檐，一般没有木结构形式的表面处理。以上两个类型平面都是正方形的，全塔是一个封顶的“砖筒”，内部用木楼板和木楼梯。（三）八角形单层塔，嵩山会善寺净藏禅师塔是这类型的孤例。它是五代以后最通常的八角塔的萌芽。（四）群塔，山东历城九塔寺塔，在一个八角形塔座上建九个小塔，是明代以后常见的金刚宝座塔的先驱。自从嵩山嵩岳寺塔建成到玄奘塔出现的一百五十年间，没有任何其他砖塔存留到今天，更证明嵩岳寺塔是一次伟大的尝试。而唐代在数量上众多和类型上丰富的砖塔则说明造砖和用砖的技术在唐代是大大地发展了一步。

宗教建筑方面一次特殊的活动是武则天夺得政权后，在洛阳驱役数万人建造奇异的“明堂”“天堂”“天枢”等。这些建筑物不是属于佛教的，但是创造性地吸取了佛教艺术的手法，为这个特殊政权所要表现的宗教思想而服务的。“明堂”称做“万象神宫”，内有“辟雍之像”，建筑物高到二九四尺，方三〇〇尺，一共三层。“下层法四时；中层法十二辰，上为圆盖，九龙捧之；最上层法二十四气，亦有圆盖。以木为瓦，夹纻漆之，上施铁凤高一丈，饰以黄金”。在结构方面是很大胆的，当中用巨木，“上下通贯、栭、栌、撑、欂，借以为本”。“天堂”高五级，是比明堂更高的建筑，内放“夹纻”大像（夹纻是用麻布披泥胎上加漆，干了以后去掉泥胎成空心的器物的做法）。“天枢”是高百余尺的八角铜柱，径大十二尺，下为铁山，周七十尺，立在端门外。这些创造，虽然都是极特殊的，但显然有它们的

名师点评

“明堂辟雍”是一座建筑，但它包含两种建筑名称的含义，是中国古代最高等级的皇家礼制建筑之一。

技术基础和艺术上的良好条件的。佛教建造的有在龙门崖上凿造的巨大石像，和窟外的奉先寺（寺的木构部分已不存，但这组巨像是唐代雕刻得以保存到今天的最可珍贵的实物之一）。

自七世纪末叶以后到八世纪中叶，建造寺院的风气才大盛。原因是当时社会的需要。八世纪中叶侈奢无度的中央政权遇到藩镇的叛变，长安被安禄山攻破，皇帝出走四川。唐中央政权从此盛极而衰，此后和地方长期战争，七八十年中，人民受尽内战的灾害搜刮之苦，超度苦难的思想普遍起来。在宫廷方面，软弱的封建主，遇有变乱，也急求佛法保佑，建寺用费庞大，还拆了宫殿旧料来充数。宫廷特别纵容僧尼，京城内外良田多被僧寺占有。在五台山造金阁寺，全用涂金的铜瓦，施工用料的程度也可见一斑。到了九世纪初叶，皇帝迎佛骨到京师，在宫中留三日，送各寺院里轮流供奉，王公士民敬礼布施，达到举国若狂的地步。宦官权臣和豪富施钱造寺院或佛殿、塔幢以求福的数目愈来愈多，为避重税求寺院庇荫的人民数目也愈来愈大。九世纪中叶宗教势力和政权间的矛盾便造成会昌五年（公元八四五）的“灭法”。当时下诏毁掉官立佛寺四千六百余区，私立寺院四万余区，归俗僧尼二十六万五百人，财货田产入官，取寺屋材料修葺公廨，铜像钟声改铸钱币。这些事实说明人民的财富和心血，在封建社会的矛盾中，不是受到不合理的浪费，就是受到残酷的破坏，卓越的艺术遗产得以保存到今天的真是不到万一！

唐代有高度艺术的、崇峻而宏丽的宗教建筑大组群的完整面貌，今天已无法从实物上见到。对于建筑结构和装饰的形象，我们只有在敦煌石窟寺壁上，许多以很写实的殿宇楼阁为背景

词语在线

布施：把财物等施舍给人，后特指向僧道施舍财物或斋饭。

的佛教画里，可以得到较真实的印象。敦煌著名的壁画《五台山图》中描绘了九十座寺院组群的位置，其中之一“大佛光之寺”，就是今天还存在五台山豆村镇的大佛光寺。更可宝贵的事实是寺内大殿竟是幸存到今天的一座唐代原物。我们从这座在会昌灭法后又建造起来的实物上，可以具体地见到唐代建筑艺术风格手法，和它们所曾到达的多方面的成就。这座建筑遗产对于后代是有无法衡量的价值的。

总的说来，唐代在建筑方面的成就，首先是城市作有计划的布局，规模宏大，不但如长安、洛阳城，并且普遍及于全国的州县，是全世界历史上所未有的。其次就是个别建筑组群在造形上是以艺术形态来完成的整体；雄宏壮丽的形象与华美细致的细节、雕塑、绘画和自然环境都密切地有机地联系着。以世界各时代的建筑艺术所到达的程度来衡量，这时期的中国建筑也到达了艺术上卓越的水平。当然，无论是长安的宫廷建筑物还是各处名山胜地的宗教建筑物，还是一般城市中民用建筑物，都是和唐初期全国生产力的提高，和以后商业经济的繁荣，工艺技术的进步，西域文化的交流等等分不开的。但一个主要的方面还是当时宗教所促进的创造有全民性的意义。劳动人民投入自己的热情、理想和希望，在他们所创造的宗教艺术上：无论是雕刻、佛像或花纹；作大幅壁画，或装饰彩画；建造大寺，高塔或小龛，或是代表超度人类过苦海的桥，当时人民都发挥了他们最杰出最蓬勃的创造力量。

中唐以后，中央政权和藩镇争夺的内战使黄河流域遭受破坏，经济中心转移到江淮流域。唐亡之后，统治中原的政权，在五十余年中，前后更换了五次，称做五代。其他藩镇各自成立了独立政权的称做十国。中原经济力衰弱，无法恢复。建筑发展没有可能。掌握政权者对于已破坏的长安完全放弃，修葺洛阳也缺乏力量。偶有兴建，匠人只是遵随唐木工规制，无所创造。山西平遥镇国寺大殿是五代木构建筑的罕贵的孤例。五代建筑在北方可说是唐的尾声。

十国在南方的情况则完全不同；个别政权不受战争拖累，又解除了对唐中央的负担，数十年中，经济得到新的发展而繁荣起来。建筑在吴越和南唐，就由于地理环境和新的社会因素，发展了自己的新风格。如南京栖霞寺塔以八角形平面出现，在造形方面和在雕刻装饰方面都有较唐朝更秀丽的新手法，在很大程度上是后来北宋建筑风格的先声。

词语在线

拖累：牵累；使受牵累。

辽是中国东北边境吸取并承继了唐文化的契丹族的政权。在关外发展成熟，进占关内河北和山西北部，所谓燕云十六州，包括幽州（今天的北京）在内。辽是一个独立的区域政权，不是一个朝代，在时间上大部虽和北宋同时，但在文化上是不折不扣的唐边疆文化。在进关以前，替辽建设城市和建筑寺庙的是唐代的汉族移民，和汾、并、幽、蓟的熟练工匠。他们是以唐的规制手法为契丹族的特殊政权、宗教信仰和生活习惯服务的。结果在实践中创造了某一些属于辽的特殊风格和传统。后来这种风格又继续影响关内在辽境以内的建筑——北京天宁寺辽砖塔就是辽独创作风的典型例子，而木构建筑如著名的蓟县独乐寺观音阁和应县佛宫寺木塔却带着更多的唐风，而后者则是中国木造佛塔的最后一个实例。

基本上，唐、五代和辽的建筑是同属于一个风格的不同发展时期。关于这一阶段的中国建筑，更应该提到的是它对朝鲜、日本建筑重大的影响。研究日本和朝鲜建筑者不能不理解中国的隋唐建筑，就如同研究欧洲建筑者不能不理解古希腊和罗马建筑一样。不但如此，这时期的中国建筑也影响到越南、缅甸和新疆边境。并且唐和萨珊波斯的文化交流，并不亚于和印度及锡兰的。唐朝是中国建筑最辉煌的一大阶段。

第六阶段——两宋到金·元

（公元九六〇～一三六七年）

这个大阶段以五代末的北周以武力得到淮南江北的经济力量，在汴梁的建设为序幕；北宋统一了南北是它的发展和全盛时期；南宋是北宋的成就脱离了原来政治经济基础，在江南的条件下的延续与转变；金和元都是在外族统治下宋的风格特点在北方和新的社会因素相结合的产物。

宋代建筑是在唐代已取得的辉煌成就的基础上发展起来的。但宋代建筑的特点与唐代的有着极大区别。

要理解宋建筑类型、手法风格和思想内容，我们必须理解宋代政治经济情况以下几个方面：（一）赵匡胤没有经过战争便取得了政权。五代末朝后周在汴梁因疏浚了运河和江淮通航所发展的工商业继续发展；中原农业生产或得到恢复，或更为提高。居于水陆交通要道的汴梁人口密集，是当时的政治中心兼商业中心。赵炅（太宗）以占领江淮门户的优越条件，进而征服了五代末期南方经济繁荣的独立小政权如南唐、吴越、后蜀，统一了中国，不但在经济上得到生产力较高的南方的供应，在文化上也吸取了南方所发展的一切文学艺术的成就，内中也包括建筑上的成就。（二）因内部矛盾，宋代军权集中于皇帝一人手中。无所事事，成为庞大消费阶层的军队全力防内，对外却软弱无能，在北方以屈辱性的条约和辽媾和，在西方则屡次受西夏侵扰。统治者抱有苟安思想，只顾眼前享乐生活。建设的规模，建筑物的性质、气魄，和唐代开国时期和晚唐信奉宗教的热烈情况都不相同。（三）建立了庞大的官僚机构，这个巨大的寄生阶层，和大小地主商贾血肉相连，官僚们利用统治地位从事商业活动。在封建社会中滋长的“资本主义成分”的力量引起社会深刻的变化。全国中小消费阶层的扩大促进了这时期手工业生产的特殊繁荣。国内出现了手工艺市镇和较大的商业中心城市（特别突出的如京都汴梁、成都、兴元〈汉中〉和杭州等）。城市中某些为工商业服务的新建筑类型，如密集的市楼、邸店、廊屋等的产生，都是这时期城市生活的要求所促成的。又因商业流动人口的需要，取消了都城“夜禁”的限制，在东京出现了夜市和各种公共娱乐场所，如看戏的瓦子和豪华的酒楼，以后很普遍。（四）手工业的发展进入工场的组织形式，内部很细的分工使产品的质量和工艺美术水平普遍地提高。宋代瓷器、织锦、印刷、制纸等工业都超过了过去时代的水平。这一切细致精巧的倾向也影响了当时的建筑材料和细致加工的风格。

词语在线

无所事事：没有什么事可做，指闲着什么事也不干。

名师点评

这里的东京是北宋的国都，也就是汴梁，现在的开封市。

宋建筑的整体风格，初期的河北正定龙兴寺大阁残部所表现，仍保持魁伟的唐风。但作为首都和文化中心的汴梁是介于南北两种不同建筑风格中间，很快地同时受到五代南方的秀丽和唐代北方壮硕风格的影响，或多或少地已是南北作风的结合。山西太原晋祠圣母庙一组是这一作风的范例，虽然在地理上与汴梁有相当的距离。注重重楼飞阁较繁复的塑型，受到宫中不甚宽敞地址的限制，平面组合开始错落多变化；宫廷中藏书的秘阁就是这种创造性的新型楼阁。它的结构是由南方吴越来的杰出的木工喻皓所设计，更说明了它成就的来源。公元一〇〇〇年（真宗）以后，宫廷不断建筑侈丽的道观楼阁，最著名的如玉清昭应宫，苏州人丁谓领导工役，夜以继日施工了七年建成。每日用工多到三四万人，所用材料是从全国汇集而来的名产。瓦用绿色琉璃；彩画用精制颜料绘成织锦图案，加金色装饰。这个建筑构图是按画家刘文通所作画稿布置的。其中的七贤阁的设计也是在高台上更加“飞阁”，被当时认为全国最壮观的建筑物。

词语在线

夜以继日：日夜不停。也说日以继夜。

簃（yí）：楼阁旁边的小屋（多用于书斋的名称）。

汴梁宫廷建筑的华丽倾向和因宫中代代兴建，缺乏建筑地址，平面布置上不得不用更紧凑的四合围拢方式或两旁用侧翼的楼和主楼相联，或前后以柱廊相联的格式。这些显然普遍地影响了宋一代权贵私人第宅和富豪商贾城市中建筑的风格。

原来是商业城市改建为首都的汴梁，其规模和先有计划的“皇王之邑”的长安相去甚远，宫前既无宏大行政衙署区域，也无民坊门禁制度。除宫城外，前部中轴大路两旁，和横穿京城的汴河两岸，以及宫旁横街上，多半是商业性质建筑所组成的。人口密集之后，土地使用率加大，更促进了多层市楼的发展。因此豪华的店屋酒楼也常以重楼飞阁的姿态出现；例如《东京梦华录》中所描写的“三楼相高，五楼相向，各有飞阁栏槛，明暗相通”的酒店矾楼就最为典型。发展到了北宋末赵佶（徽宗）一代，连年奢侈营建，不但汴梁宫苑寺观“殿阁临水，云屋边簃”，层楼的组群占重要位置，它们还发展到全国繁华之地，有好风景的区域。虽然实物都不存在，今天我们还能从许多极写实的宋画中见到它们大略的风格形象。它们主要特征是歇山顶也可以用在向前向后的部分，上面屋脊可以十字相交，原来屋顶侧面的山花现在也可以向前，因此楼阁嶙嶒，在形象上丰富了许多。宋画中最重要的如《黄鹤楼图》《滕王阁图》及《清明上河图》等等，都是研究宋建筑的珍贵材料。日本镰仓时代的建筑受到我们这一时期建筑很大的影响，而他们实物保存得很好，也是极好的参考材料。总之，在城市经济繁荣的基础上所发展出来的，有高度实用价值，形象优美，立面有多样变化组合的楼阁是宋代在中国建筑发展中一个重大贡献。

其次如建筑进一步分工，充分利用各种手工业生产的成就（用）到建筑上，如砖石建筑上用标准化琉璃瓦和面砖，并用了陶瓷业模制压花技术的成就，到今天我们还可以从开封琉璃铁塔这样难得的实物上见到。木构建筑上出现了木雕装饰方面的雕作和镟作。彩画方面采用了纺织的成就，用华丽的绫锦纹图案。因为造纸业的发展，门窗上可大量糊纸，出现了可以开关的球文格子门和窗等等。这些细致的改进不但改变了当时建筑面貌，且对于后代建筑有普遍影响。

因为宋代曾采用匠人木经编成中国唯一的一本建筑术书《营造法式》，纪录了各种建筑构件相互间关系及比例，以及斗栱砍削加工做法和彩画的一般则例，对后代官匠在技术上和艺术上有一定的影响。

南宋退到江南，建都临安（杭州），把统治阶级的生活习惯、思想意识，都带到新的土壤上培植起来，建筑风格也不在例外。但是在严重地受着侵略威胁的局面下和萎缩的经济基础上，南宋的宫廷建筑的内容性质改变了，全国性规模的建筑更不可能

词语在线

培植：①栽种并细心管理（植物）。②培养(人才)；扶植（势力）使壮大。

了。南宋重修的城市寺观起初仍极为奢华，结构逐渐纤弱造作，手法也改变了。这时期的重要贡献是建筑和自然山水花木相结合的庭园建筑在艺术上的成就。宫廷在临安造园的风气影响到苏州和太湖区的私家花园，一直延续到后代明、清的名园。

金的统治阶级是文化落后于汉族的女真族。金的建设意识上反映着摹仿北宋制度的企图。从事创造的是汉族人民，在工艺技术上是依据他们自己的传统的。而当时北方一部分却是辽区域作风占重要位置。因此宋辽混合掺杂的手法的发展是它的特点之一。有一些金代建筑实物在结构比例上完全和辽一致，常常使鉴别者误为辽的建筑。另有一些又较近宋代形制，如正定龙兴寺的摩尼殿和五台山佛光寺的文殊殿，一向都被认为是宋的遗物。第三种则是以不成熟的手法，有时形式地摹仿北宋颓废的繁琐的形象，有时又作很大胆的新组合，前者如大同善化寺三圣殿，后者如正定广慧寺华塔，都是很突出的。像华塔那样的形式，可以说是一种紧凑的群塔，是一种富于想象力的创造。

词语在线

颓废：意志消沉，精神萎靡。

金人改建了辽的南京（今天北京城西南广安门内外一带），扩大了城址，称做中都。这次的兴建是金海陵王特命工匠监官摹仿北宋首都汴梁而布置的。因此中都吸取了宋的城市宫城格局的一切成就，保存了北宋宫前广场部署的优良传统。中都宫前的御河石桥，两侧的千步廊也就是元大都的蓝本。明清两代继续沿用这种布局；今天北京的天安门前和午门、端门前壮丽的广场，就是由这个传统发展而来的。

元代的蒙古游牧民族，用极强悍的骑兵，侵入邻近的国家，在短短的几十年中，建立了横跨欧亚两洲历史上空前庞大的帝国。

在元代统治中国的九十多年中，蒙古族采用了残酷的武力镇压手段，破坏着中国原来的农业基础，在残酷的民族斗争中，全国的经济空前地衰落了；因此元代一般的地方建筑也是空前地粗糙简陋的。这时期统治阶级的建筑是劫掳各先进民族的工匠建造的，因此有一些部分带有其他民族的风格，大体是继承了金和南宋后期细致纤丽的风格。

元代的京城大都（现北京）是蒙古族摧毁了金的中都之后创建的。这座在宽阔的平原上新创的城市，在平面上表现着整齐的几何图形观念；城的平面接近正方形，以高大的鼓楼安置在全城的几何中点上。皇宫的位置是在城内南面的中轴线上。这是参照周礼“面朝背市，左祖右社”的思想，综合金代中都所沿袭的宋汴京的规划，依照当时蒙古族的需要而创建的。这种以高大的鼓楼作全城中心的方式，现在在北方的一些中小城市中仍可以看到它的影响。

名师点评

意思是：南面是皇宫，北面是集市；左面（东侧）为祖先的宗庙，右面（西侧）为祭天地的社稷坛。

元大都的宫殿建筑是以豪华精致的中国木构式样为主。一般宫殿建筑组群的主殿是采用工字形平面，前殿是集会和行政的殿堂，用廊连接的后部就是寝殿。殿内的布置，是用贵重的毛皮或丝织品作壁幛，完全掩蔽了内部的墙壁和木构。这种的布置与汉族宫廷内分作前朝和后宫的方式不同，内部的处理仍旧保留着游牧民族毡帐生活的习惯。

元代宫殿的木构建筑方面进一步发展了琉璃，从宋代的褐、绿两种色彩发展成黄、绿、蓝、青、白各色，普遍地应用到宫殿和离宫上，更丰富了屋顶的色彩。

元代上都（内蒙古多伦附近）主要宫殿的遗址是砖石结构

的建筑，这可能是西方工匠建造的。此外像大都宫中的“畏吾儿殿”应是维吾尔族的式样，还有相当多的“盝顶殿”和“棕毛殿”，也都是元以前中国传统所没有的其他民族风格。

元代的统治阶级以吐蕃（西藏）的喇嘛教作为国教，吐蕃的建筑和艺术在元代流传到华北一带，出现了很多西藏风格的喇嘛塔。矗立在北京的妙应寺白塔就是这时期最宏伟的遗物。从著名的居庸关过街塔残存的基座上和古雕刻纹样手法上也可以看到当时西藏艺术风格盛行的情况。

都城以外的建筑仍是汉族工匠建造的，继续保持着传统的中国风格。其中一种类型可能是地方的统治阶层兴建的，比较细致精巧，但带有显著的公式化倾向，工料也比较整齐；典型的代表例如正定的关帝庙，定兴的慈云阁。另一种是施工非常粗糙，木料贫乏到用天然的弯曲原木作主要的构架，其中的结构是煞费苦心拼凑成的。现在的这类建筑大多是当地人民信仰的祠庙或地方性的公共建筑。例如河北正定的阳和楼，曲阳北岳庙的德宁殿，安平的圣姑庙或山西赵城的广胜寺。这后一种在困难的物质条件限制下表现了比较多的设计意匠。它们正是这段艰苦的时期中人民生活的反映，鲜明地刻画出元代一般建筑艺术衰落的情况。

词语在线

煞费苦心：费尽心思。

第七阶段——明·清两朝和旧中国时期

（公元一三六八～一九一九～一九四九年）

在这五百八十余年中，中国历史上发生了巨大的转变。（一）在汉族农民起义，摧毁并驱逐了蒙古族统治阶级以后，朱元璋建立了明朝，恢复了汉族的统治，恢复了久经破坏的经济。但自朱棣以后，宦官掌握朝政二百余年，统治阶级昏庸腐朽达到极点。（二）满族兴起，入关灭明，统治中国二百六十余年；阶级压迫与民族压迫合而为一。（三）西方新兴的资本主义的商人和传教士，由十六世纪末开始来到中国，逐步导致十九世纪中的鸦片战争和中国的半殖民地化。（四）人民革命经过一百零九年的英勇斗争，推翻了满清皇朝，驱逐了帝国主义侵略者，肃清了封建统治阶级，建立了人民民主的中华人民共和国。

朱元璋以农民出身，看到异族压迫下农村破产的情形，亲身参加了民族解放战争，知道农业生产是恢复经济、巩固政权的基本所在，所以建立了均田、农贷等制度，解放了异族压迫，恢复了封建的生产关系，使经济很快恢复。在建国之初，他已占有江淮全国最富庶的地区，国库充实起来，使他得以建设他的首都南京，作为巩固政权的工具之一。

明朝建立以后不久，官式建筑很快就在布局、结构和造形上出现了与前一阶段区别显著的转变。在一切建置中都表现了民族复兴和封建帝国中央集权的强烈力量。首都南京的营建，征发全国工匠二十余万人，其中许多是从蒙古半奴隶式的羁束下解放出来的北方世代的匠户。除了建造宫殿衙署之外，他特别强调恢复汉族文化和中国传统的礼仪：例如天子郊祀的坛庙和身后的陵寝，都以雄伟的气魄和庄严的姿态建置起来。

朱棣（成祖）迁都北京，在元大都城的基础上，重新建设宫殿、坛庙，都遵南京制度，而规模比南京更大。今天北京的故宫大体就是明初的建置。虽然大部分殿堂已是清代重建的，明朝原物还保存若干完整的组群和个别的主要殿宇。社稷坛（今中山公园）、太庙（今劳动人民文化宫）和天坛，都是明代首创的宏丽的大组群；其中尤其是天坛在规模、气魄、总体布置和艺术造形上更是卓越的杰作。虽然祈年殿在光绪十五年曾被落雷焚毁，次年又照原样重修；皇穹宇一组则是明代最精美的原物，并且是明手法的典型。昌平县天寿山麓的长陵（朱棣墓），以庙宇的组群同陵墓本身的地面建筑物结合，再在陵前布置长达八公里的神道，这一切又与天寿山的自然环境结合为一整体。气魄之大，意匠之高，全国其他建筑组群很少能和它相比的。

名师点评

安放祭祀神牌的场所。

明初两京的两次大建设将南北的高手匠工作了两次大规模调配，使南方北方建筑和工艺的特长都得以发挥出来，汇合为一，创造出明代的特殊风格。西南的巨大楠木，大量在北京使用。这样的建筑所反映的正是民族复兴的统一封建大帝国的雄伟气概。

自从朱棣把宦官干涉朝政的恶劣传统培植起来以后，宦官成了明朝二百余年统治权的掌握者。在建筑方面，这事实反映在一切皇家的营建方面。每一座明朝“敕建”的庙宇，都有监修或重修的太监的碑志，不然就在梁下、匾上留名。至于明代宫中八次大火灾（小火灾不计），史家认为是宦官故意放火，以便重建时贪污中饱的。更不用说，宦官为了回避宦官禁置私产的法律规定，多借建庙的名义，修建寺院，附置庭园、“僧舍”，作为自己休养享乐之用。如北京的智化寺（王振建）、碧云寺（魏忠贤建），就是其中突出的例子。明末魏忠贤的生祠在全国竟达五六百所，更是宦官政治的具体的物质表现。

词语在线

中饱:经手钱财，以欺诈手段从中取利。

明代官匠制度增加了熟练技术工人，大大地促进手工艺技术的水平。明代建筑使用大量楠木和质地优良的砖，工精料美，丝毫不苟。在建筑工程方面，榫卯准确，基础坚实，彩画精美，也是它的特色。琉璃瓦和琉璃面砖到了明朝也得到了极大的发展。太庙内墙前的琉璃花门上细部如陶制彩画额枋就精美无比。除北京许多琉璃牌坊和琉璃花门外，许多地方还出现了琉璃宝塔，其中如南京的报国寺七宝琉璃塔（太平天国战争中毁）和山西赵城广胜寺飞虹塔，都说明了在这方面当时普遍的成就。

在明中叶的初期，由印度传入“金刚宝座式”塔，在一个大塔座上建造五座乃至七座的群塔。北京真觉寺（五塔寺）塔是这类型的最卓越的典型。这个塔型之传入使中国建筑的类型更丰富起来。在清代，这类型又得到一定的发展。

在“党祸”的斗争中退隐的地主官僚和行商致富的大贾，则多在家乡营造家祠或私园以逃避现实世界。明末私家园林得到极大发展，今天江南许多精致幽静的私园，如苏州的拙政园，就是当时林园的卓越一例，也是当时社会情况下的产物。最近在安徽歙县发现许多私家的第宅，厅堂用巨大楠木柱，规模宏大。可见当时商业发展，民间的财富可观。

名师点评

此处说明了私家园林得以发展的原因。

明中叶以后，一方面由于工艺发展，砖陶窑业取得了极大的进步，一方面由于国内农民起义和东北新兴的满洲族的军事威胁，许多府县都大量用砖甃砌城堡。这方面最杰出的实例就是北京城和万里长城。这两个城虽然各在不同的地方和不同的地形上建造起来，但都以它们雄健简朴的庞大躯体各自表现了卓越的艺术效果。

明代砖陶业之进步所产生的另一类型就是砖造发券的殿堂，如各地的“无梁殿”，乃至北京的大明门（今中华门）一类的砖券建筑就是其中的实例。这些建筑一般都用砖石琉璃做出木结构的样式。

明朝末年，随同欧洲资本家之寻找东方市场，西洋传教士到了中国，带来了西洋的自然科学、各种艺术和建筑，这对于后来的中国建筑也有一定的影响。

词语在线

入主：入内主事，多指占据统治地位或成为首脑。

闭关自守：闭塞关口，不跟别国往来，也泛指不跟外界交往。

满清以一个文化比较落后的民族入主中国。由于他们入关以前已有相当长的期间吸收汉族的先进文化，入关时又大量利用汉奸，战争不太猛烈，许多城市和建筑没有受到过甚的破坏；例如北京这样辉煌的首都和宫殿苑园，就是相当完整地被满洲统治者承继了的。故宫之中，主要建筑仅太和殿和武英殿一组受到破坏。清朝初期尚未完全征服全中国，所以像康熙年间重建太和殿，就放弃了官式用料的惯例，不用楠木而改用东北松木建造，在材料的使用上，反映了当时的军事政治局势，南方产木区还在不断反抗。

满清统治者承继了明朝统治者的全部财产，包括统治和压迫人民的整套“文物制度”。为了适应当时情况，在康熙、雍正、乾隆三朝进行了各种制度和法律之制订。在这些制度之中也包括了《工部工程做法则例》七十二卷。这虽是一部约束性的书，将清代的官造建筑在制度和样式上固定下来，但是它对于今天清代建筑的研究却是一部可贵的技术书。这书对于当时的匠师虽然有极大的约束性，但掌握在劳动人民手中的建筑技术和艺术的创造性是封建制度所约束不住的。在“工程做法”的限制下，劳动人民仍然取得无穷辉煌的变化。

史家认为满清皇朝闭关自守是封建经济停滞时代，一般地说，这也在建筑上反映出来。但在这整个停滞的时代里，它仍有它一定限度内经济比较发展的高峰和低潮。清朝建筑的高峰和一定的创造性主要表现在乾隆时代，那是满清二百六十余年间的

"太平盛世"。弘历几度南巡，带来江南风格；大举营建圆明园，热河行宫，修清漪园（颐和园），在故宫内增建宁寿宫（乾隆花园），给许多艺匠名师以创造的机会。各园都有工艺精绝的建筑细部。尤其值得注意的是这时代的宫廷大量吸收了江南的民间建筑风格来建造园苑。乾隆以后，清代的建筑就比较消沉下来。即使如清末重修颐和园，也只是高潮以后一个波浪而已。

鸦片战争开始了中国的半殖民地化时代，赓续了一百零九年。在这一个世纪中，中国的经济完全依附于帝国主义资本主义，中国社会中产生了官僚资本家和买办阶级。帝国主义的外国资本家把欧洲资本主义城市的阶级对立和自由主义的混乱状态移植到中国城市中来；中国的官僚买办则大盖"洋房"，以表达他们的崇洋思想，更助长了这混乱状态。侵略者是无视被侵略者的民族和文化的，中国建筑和他的传统受到了鄙视和摧残。中国知识分子建筑师之出现，在初期更助长了这趋势。"五四"以后很短的一个时期曾作过恢复中国传统和新的工程技术相结合的尝试，但在殖民地性质的反动政府的破碎支离的统治下和经济基础上没有得到，也不可能得到发展；反倒是宣传帝国主义的世界主义的各种建筑理论和流派逐渐盛行起来。以"革命"姿态出现于欧洲的这个反动的艺术理论猖狂地攻击欧洲古典建筑传统，在美国繁殖起来，迷惑了许许多多欧美建筑师，以"符合现代要求"为名，到处建造光秃秃的玻璃方盒子式建筑。中国的建筑界也曾堕入这个漩涡中。

中国历史中这一个波动剧烈的世纪，也反映在我们的建筑上。

总的说来，这个时期的洋房、玻璃方盒子似乎给我们带来新的工程技术,有许多房子是可以满足一定的物质需要的。但是,建筑是一个社会生活中最高度综合性的艺术。作为能满足物质和精神双重要求的建筑物来衡量这些洋式和半洋式建筑，它们是没有艺术上价值的，而且应受到批判。无可讳言的，这一百年中蔑视祖国传统，割断历史，硬搬进来的西洋各国资本主义国家的建筑形式对于祖国建筑是摧残而不是发展。历史上封建的建筑物虽已不能适应我们今天生活的新要求，但它们的优良传统,艺术造形上的成就却仍是我们新创造的最可宝贵的源泉。而殖民地建筑在精神上则起过摧毁民族自信心的作用，阻碍了我们自己建筑的发展：在物质上曾是破坏摧毁我们可珍贵的建筑遗产的凶猛势力。它们仅有的一点实用性，在今天面向社会主义生活的面前，也已经很不够了。

词语在线

讳言：不敢或不愿说。

结　论

回顾我们几千年来建筑的发展，我们看见了每一个大阶段在不同的政治、经济条件下，在新的技术、材料的进步和发明的条件下，历代的匠师都不断地有所发明，有所创造。肯定的是: 各代的匠师都能运用自己的传统,加以革新,创造新的类型,来解决生活和思想意识中所提出的不相同的新问题。由于这种新的创造，每代都推动着中国的建筑不断地向前发展，取得光辉的成就。每当新的技术、新的材料出现时，古代匠师们也都能灵活自如地掌握这些新的技术和材料，使它们服从于艺术造形的要求，创造出革新的而又是从传统上发展出来的手法和风格。在这一点上，建筑历史上卓越的实例是值得我们学习的。

名师点评

这段话与文章开头相呼应，使文章变得更加紧凑、严谨。

中国建筑的新阶段已经开始了。新的社会给新中国的建筑师提出了崭新的任务。我们新中国的建筑是为生产服务，为劳动人民服务的。建筑必须满足人民不断增长的物质和文化的需要。劳动人民得到了适用，愉快而合乎卫生的工作和居住，游息的环境，就可提高生产的量和质，就可帮助国家的社会主义改造。我们还要求新中国的建筑，作为一种艺术，必须发挥鼓舞人民前进的作用。建筑已成为全民的任务，成为国家总路线的执行中的必要工具了。

过去的匠师在当时的社会、材料、技术的局限性下尚且能为自己时代社会的需要，灵活地运用遗产，解决各式各样的问题。今天的中国所给予建筑师的条件是远远超过过去任何一个时代的。我们有中国共产党和中央人民政府的英明正确的领导，有全国人民的支持，有马克思列宁主义、毛泽东思想的思想武器，有苏联社会主义建设的先进范本，有最现代化的技术科学和材料，有无比丰富的遗产和传统。在这样优越的条件下，我们有信心创造出超越过去任何时代的建筑。

（初刊于1954年12月第2期《建筑学报》，署名梁思成、林徽因、莫宗江）

品读赏析

这篇论文中，作者将中国从远古时期一直到民国时期四千年历史的建筑发展分成了七个主要阶段，为读者详细解读了中国建筑在政治、经济等因素影响下的发展演化。在肯定和高度赞扬古代建筑师们的无穷智慧的基础上，再度为新中国建筑新阶段的发展提出了自己的观点，即建筑是“为生产服务，为劳动人民服务的”。

写作积累

革新　承上启下　前所未有　休养生息　宏丽　夜以继日　煞费苦心

·这些阶段彼此并不是没有联系的。相反的，它们都是互相衔接不可分割的；虽是许多环节，却组成了一根整的链条。

·殷墟夯土台以下所发见比殷文化更早的穴居，它们是两两相套的圆形穴，状如葫芦，也像古代象形字里的“[illegible]”（宫）字，穴内墙面已用白灰涂抹。

·柱壁雕镂，窗用绮疏青琐，木料加以铜和漆，图画仙灵云气；又广开苑囿，垒土筑山；飞梁石磴，凌跨水道，布置成自然形势的深林绝涧。

·劳动人民投入自己的热情、理想和希望，在他们所创造的宗教艺术上：无论是雕刻、佛像或花纹；作大幅壁画，或装饰彩画；建造大寺，高塔或小龛，或是代表超度人类过苦海的桥，当时人民都发挥了他们最杰出最蓬勃的创造力量。

思考练习

1. 作者将中国建筑的发展分成了哪几个主要阶段?

2. 作者认为新中国的建筑是服务于谁的?

延伸阅读

女文学家——林徽因

在20世纪上半叶，中国文学界出现了很多才女，如林徽因、陆小曼、冰心等，而林徽因无疑是最耀眼的。她在中国现代史上是享有盛誉的一代才女，著名文学家胡适称其为“民国第一才女”。林徽因出身书香世家，自幼受中国传统文化的熏陶，长大后又接受了西方文化的滋养，东西方文化的融合造就了一个“文化林徽因”。

著名翻译家文洁若曾说：“欧洲文艺复兴时期，曾出现过像达·芬奇那样的多面手。他既是大画家，又是大数学家、力学家和工程师。林徽因则是在中国的文艺复兴时期脱颖而出的一位多才多艺的人。她在建筑学方面的成绩，无疑是主要的，然而在诗歌、小说、散文、戏剧等方面，也都有所建树。”林徽因的丈夫、著名建筑学家梁思成也曾说：“林徽因是个很特别的人，她的才华是多方面的，不管是文学、艺术，建筑乃至哲学她都有很深的修养。”

林徽因经常在家里举行“艺术沙龙”茶会，聚会者包括朱光潜、沈从文、巴金、萧乾等在内的一批文坛名流巨子。他们在一起谈文学、说艺术、读诗、辩论，天南地北，古今中外。林徽因经常用英语探讨英国古典文学和中国新诗创作，她那具有艺术家的灵性又有着哲学家的理性的思维，散发着强烈的个人魅力，使得她就像磁场一样，不管在什么地方，都是众星捧月的对象。著名汉学家费正清曾说:“她是具有创造才华的作家、诗人，是一个具有丰富的审美能力和广博智力活动兴趣的妇女，而且她交际起来又洋溢着迷人的魅力。在这个家，或者她所在的任何场合，所有在场的人总是全都围绕着她转。”

林徽因的主业虽然是建筑，但在从事建筑科学研究之余，也始终进行着文学创作。她的一生留下的著述不是很多，大部分是诗歌，代表作有《你是人间四月天》。在诗歌创作上，她受徐志摩的影响甚大，但也有着自己的特点。她的诗句委婉柔丽、韵律自然，受到文学界和广大读者的赞赏，奠定了她作为诗人的地位。另外，她在散文、小说、戏剧和文学评论等领域也有建树，如散文《悼志摩》、小说《九十九度中》等。有人曾这样评价《悼志摩》:“再没有看过比《悼志摩》更好的怀人文字了。”

林徽因的文学造诣并不逊色于现代文坛的诸多名流，她以建筑师的特殊身份以及秀外慧中的才女气质，奠定了她在现代文坛的独特地位。